电子创新设计

孙福玉　韩　铮　著

北京航空航天大学出版社

内 容 简 介

本书以作者电子专业教学和科研中获得的专利、指导的电子设计实践项目实例为主线,介绍了 84 个电子创新装置和系统的设计方法。全书共分 6 章,内容包括:第 1 章日常生活、第 2 章文化娱乐、第 3 章农业设施、第 4 章工业设施、第 5 章物理实验数字化、第 6 章电子创新实验。

本书既可作为电子类及相关专业的创新教育教学资料,也可作为大学生创新项目、学生第二课堂、电子爱好者创新产品设计的参考书。

图书在版编目(CIP)数据

电子创新设计 / 孙福玉,韩铮著. -- 北京 :北京航空航天大学出版社,2023.1
ISBN 978 - 7 - 5124 - 3723 - 4

Ⅰ. ①电… Ⅱ. ①孙… ②韩… Ⅲ. ①电子系统-系统设计 Ⅳ. ①TN02

中国版本图书馆 CIP 数据核字(2022)第 011308 号

电子创新设计

孙福玉 韩 铮 著

策划编辑 胡晓柏 责任编辑 王 实

*

北京航空航天大学出版社出版发行

北京市海淀区学院路 37 号(邮编 100191) http://www.buaapress.com.cn
发行部电话:(010)82317024 传真:(010)82328026
读者信箱:emsbook@buaacm.com.cn 邮购电话:(010)82316936
涿州市新华印刷有限公司印装 各地书店经销

*

开本:710×1 000 1/16 印张:13.25 字数:282 千字
2023 年 1 月第 1 版 2023 年 1 月第 1 次印刷
ISBN 978 - 7 - 5124 - 3723 - 4 定价:49.00 元

前　言

2016 年 6 月我国成为国际工程联盟《华盛顿协议》成员后，于 2017 年启动新工科建设的新时代中国高等工程教育，其中包含了学科交叉融合、理工结合等主要内容。在我国教育事业发展的"十二五"规划期间，国家将加强创新型人才培养作为重要内容。我国颁布的《国家创新驱动发展战略纲要》中强调，创新驱动就是使创新成为引领发展的第一动力。而高校是创新创业人才培养的主要场所，创新人才要求具有创新意识、创新精神、创新思维、创新知识、创新能力。正是在高等院校新工科建设及创新型人才培养的大背景下，作者根据多年从事电子类教学和科研所积累的设计实践和设计经验撰写并完成了本书。全书以实例的方式介绍了 84 个电子创新装置和系统的设计方法，所有装置和系统的设计都从实际问题出发，以解决问题为导向，利用创新性思维结合工程实际给出可行的原创设计方案，并介绍了这些设计实例的系统结构和运行原理，对培养读者的创新性思维，提高读者的创新能力大有裨益。

全书内容共分 6 章，包括：第 1 章日常生活，第 2 章文化娱乐，第 3 章农业设施，第 4 章工业设施，第 5 章物理实验数字化，第 6 章电子创新实验。其中，孙福玉老师完成了本书第 1～4 章的写作，韩铮老师完成了第 5 章和第 6 章的写作。

本书面向高校学生及电子爱好者，通过介绍具体的设计方案，培养读者的创新意识和能力，既可作为电子类及相关专业的创新教育教学资料，也可作为大学生创新项目、学生第二课堂、电子爱好者创新产品设计的参考书。

本书由光电材料与原子核同位旋结构研究创新团队（cfxykycxtd202007）、赤峰学院微纳米光电子材料与智能器件重点实验室（CFXYZD202007）支持，赤峰学院学术专著出版基金资助出版。在撰写本书的过程中，作者参考了一些相关文献，在此对文献的作者表示衷心的感谢。同时，对支持本书出版的北京航空航天大学出版社的老师们致以衷心的谢意。

由于作者水平有限，书中难免有不妥和错误之处，敬请读者批评指正。

作　者
2022 年 8 月于赤峰

目　录

电子创新设计

第 **1** 章

日常生活

1.1　双色 LED 倒计时灯带

　　LED 是英文 Light Emitting Diode(发光二极管)的缩写,它的基本结构是将一块电致发光的半导体材料置于一个有引线的架子上,四周用环氧树脂密封保护内部芯线,使 LED 具有良好的抗振性能。LED 灯不仅节能,寿命长,适用性好,而且因单个 LED 的体积小,可以做成任何形状。LED 灯响应时间短,是纳秒级的,而普通灯具是毫秒级的。LED 环保,无有害金属,废弃物容易回收;其色彩绚丽,发光色彩纯正,光谱范围窄,并能通过红绿蓝三基色混色成七彩或者白光。目前广泛使用的 LED 有红、绿、蓝三种。

　　双色 LED 之所以发出两种颜色,其实就是用了两颗芯片,封装在同一个支架内,一般是有三个引脚的双色灯。三个引脚的双色灯有共阴和共阳之分,对于共阴双色灯,一个引脚为阴极,另两个引脚分别为两种颜色灯的阳极。

　　在进行室外游戏或比赛时,通常需要计时,本设计可方便室外游戏或比赛的时间计量,也可用于户外景观灯。下面介绍双色 LED 倒计时灯带的设计思路。

　　图 1.1.1 所示为双色 LED 倒计时灯带结构示意图。双色 LED 倒计时灯带包括单片机最小系统(1)、电源(2)、开关(3)、时间"+"按键(4)、时间"-"按键(5)、双色 LED(6)。

　　单片机最小系统、电源、开关、时间"+"按键、时间"-"按键焊接在一块电路板上;双色 LED 倒计时灯带长 1 m,双色 LED 有 30 个,它们与电路板连接好线路后封装在硅胶套管中;在硅胶套管上预留了 3 个孔洞,分别将开关、时间"+"按键、时间"-"按键的按钮从 3 个孔洞中伸出。

　　图 1.1.2 所示为双色 LED 倒计时灯带电路图。

　　单片机最小系统包括单片机、P0 口上拉电阻、时钟电路和复位电路。其中单片机有 40 个引脚。

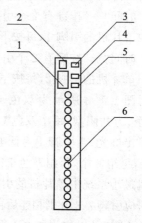

图 1.1.1　双色 LED 倒计时灯带结构示意图

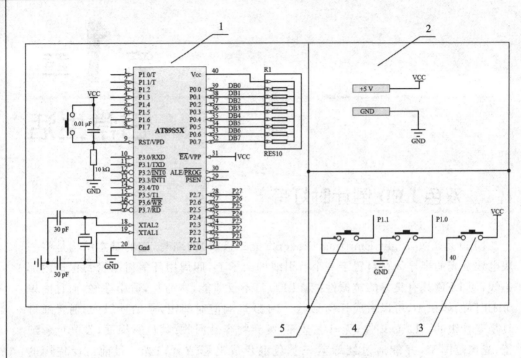

图 1.1.2　双色 LED 倒计时灯带电路图

电源输出 5 V 直流电,其负极接单片机最小系统中单片机的引脚 20。

开关有 2 个引脚,一个引脚接电源的正极,另一个引脚接单片机最小系统中单片机的引脚 40,按下开关时,30 个双色 LED 全部发蓝光,每过一定的时间间隔 T(T 为 1 s$\leqslant T\leqslant$10 s 的整数秒),30 个双色 LED 自上而下逐个由发蓝光变为发红光,当 30 个双色 LED 全部发红光后,计时停止,再次按下开关可重复计时过程。

时间"+"按键有 2 个引脚,一个引脚接电源的负极,另一个引脚接单片机最小系统中单片机的引脚 1,每按下时间"+"按键一次,时间间隔 T 增加 1 s。

时间"−"按键有 2 个引脚,一个引脚接电源的负极,另一个引脚接单片机最小系统中单片机的引脚 2,每按下时间"−"按键一次,时间间隔 T 减少 1 s。

图 1.1.3 所示为双色 LED 倒计时灯带双色 LED(6)连线图。双色 LED 有 30 个,为共阴型,每个双色 LED 都有 3 个引脚,当引脚 1 为低电平、引脚 2 为高电平时发出红光;当引脚 1 为低电平、引脚 3 为高电平时发出蓝光。30 个双色 LED 分为 5 组,每组 6 个,每组双色 LED 的引脚 1 连接在一起并串联一个电阻后分别接入单片机最小系统中单片机的引脚 3~7。在 5 组双色 LED 中,每组的第 1 个双色 LED 的对应引脚 2、3 分别相连后再分别接入单片机最小系统中单片机的引脚 21、39,第 2 个双色 LED 的对应引脚 2、3 分别相连后再分别接入单片机最小系统中单片机的引脚 22、38,第 3 个双色 LED 的对应引脚 2、3 分别相连后再分别接入单片机最小系统中单片机的引脚 23、37,第 4 个双色 LED 的对应引脚 2、3 分别相连后再分别接入单片

机最小系统中单片机的引脚 24、36,第 5 个双色 LED 的对应引脚 2、3 分别相连后再分别接入单片机最小系统中单片机的引脚 25、35,第 6 个双色 LED 的对应引脚 2、3 分别相连后再分别接入单片机最小系统中单片机的引脚 26、34。

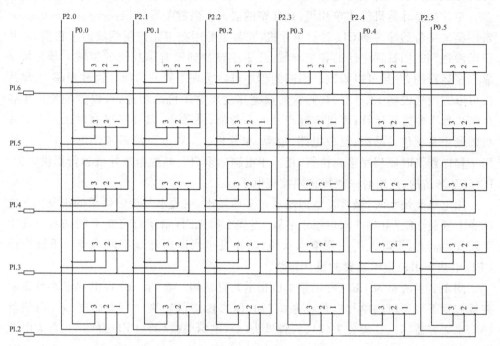

图 1.1.3　双色 LED 倒计时灯带双色 LED(6)连线图

在使用过程中,通过单片机编程实现对双色 LED 的控制。首先通过时间"+"按键或时间"−"按键调节好时间间隔 T,例如,计时 3 min,则调整时间间隔为 6 s,按下开关计时开始,通过单片机最小系统的内部时钟计量时间,单片机最小系统控制 30 个双色 LED 的发光颜色发生改变,当 30 个双色 LED 全部发红光后,计时停止。

1.2　LED 电热壶水位指示装置

传感器(transducer/sensor)是一种检测装置,能感受到被测量的信息,并能将这些信息按一定规律变换成电信号或其他所需形式的信号进行信息输出,以满足信息的传输、处理、存储、显示、记录和控制等要求。传感器的特点包括微型化、数字化、智能化、多功能化、系统化、网络化。它是实现自动检测和自动控制的首要环节。传感器的存在和发展,让物体有了触觉、味觉和嗅觉等感官,让物体慢慢地活了起来。通常根据其基本感知功能分为热敏元件、光敏元件、气敏元件、力敏元件、磁敏元件、湿敏元件、声敏元件、放射线敏感元件、色敏元件和味敏元件十大类。

传感器模块内部电路常使用电阻分压和比较器比较输出。不同传感器模块敏感元件的接入位置不同,分压电阻的阻值就不同。传感器模块的接线方式通常有四线制和三线制两种,四线制的引线分别是电源 VCC、地 GND、数字信号 DO、模拟信号 AO,三线制的引线分别是电源 VCC、地 GND 和数字信号 DO 或模拟信号 AO。

单片微型计算机简称单片机,是典型的嵌入式微控制器(Microcontroller Unit),常用英文字母的缩写 MCU 表示单片机,它最早是用在工业控制领域的。目前,单片机已渗透到我们日常生活的各个领域,几乎很难找到没有单片机的领域。单片机是靠程序运行的,并且可以修改。不同的程序可以实现不同的功能。通过程序,用单片机可以方便地控制 LED 灯、数码管的点亮速度和电动机的转速;可以方便地产生各种随机数字并进行运算;可以实现产品的高智能、高效率,以及高可靠性。一个单片机的最小系统包括晶振、复位电路、电源、单片机。5 V 电源给系统供电。复位电路用于程序跑飞时使程序重新执行,相当于电脑的重启。晶振给单片机运行提供时钟。P0 口开漏结构,使用时一般接排阻拉高电平。

用电热壶烧水时,经常发生因放水过多而溢出,或放水过少而烧干的现象。在电热壶上安装 LED 电热壶水位指示装置,当烧水时 LED 指示灯可在不同的水位发出不同颜色的光,提醒人们注意烧水水位,防止发生水溢出和烧干的现象。下面介绍 LED 电热壶水位指示装置的设计思路。

图 1.2.1 所示为 LED 电热壶水位指示装置结构示意图。LED 电热壶水位指示装置包括下底座(1)、单片机最小系统(2)、压力传感器模块(3)、上底座(4)、电热丝(5)、水壶容器(6)、二脚公头(7)、二脚母头(8)、电源引线(9)、LED 灯(10)、直流电源模块(11)。

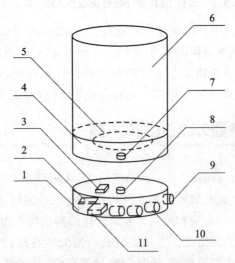

图 1.2.1　LED 电热壶水位指示装置结构示意图

单片机最小系统、直流电源模块安装在下底座的内部,压力传感器模块、二脚母头从下底座的上部嵌入,电源引线从下底座的侧面引出,LED 灯从下底座的侧面嵌入,上底座、水壶容器连接为一体,电热丝安装在上底座的内部,电热丝的两端连接在二脚公头的两个引脚上,二脚公头从上底座的下部嵌入。

电源引线在外部插接 220 V 电源;二脚母头的两个引脚连接电源引线;二脚公头可以从上到下插入二脚母头中。

图 1.2.2 所示为 LED 电热壶水位指示装置电路图。单片机最小系统包括单片机、P0 口上拉电阻、时钟电路和复位电路。其中的单片机有 40 个引脚,内部具有模拟/数字转换器。

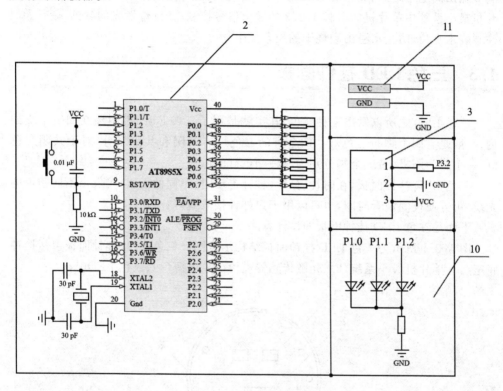

图 1.2.2　LED 电热壶水位指示装置电路图

直流电源模块内部包含变压器、整流桥、稳压器件,有两个输入端子和两个输出端子。其中,两个输入端子与电源引线连接;两个输出端子输出 5 V 直流电,输出端子的正极接单片机最小系统中单片机的引脚 40,负极接单片机最小系统中单片机的引脚 20。

LED 灯有 3 个,分别是红灯、黄灯、蓝灯,3 个 LED 灯的负极连接在一起并串联一个电阻后接直流电源模块输出端子的负极,正极分别接入单片机最小系统中单片机的引脚 1、2、3。

压力传感器模块有 3 个引脚:第 1 引脚是模拟信号输出 AO,第 2 引脚是接地 GND,第 3 引脚是电源 VCC。焊接时,第 1 引脚接单片机最小系统中单片机的引脚

12,第 2 引脚接直流电源模块输出端子的负极,第 3 引脚接直流电源模块输出端子的正极。

在使用过程中,通过单片机编程实现对 LED 灯的控制。当用电热壶烧水时,压力传感器模块将测得的水位信号送入单片机最小系统,如果水量过多,则单片机最小系统的引脚 1 输出高电平,控制红色的 LED 发光;如果水量正常,则单片机最小系统的引脚 2 输出高电平,控制蓝色的 LED 发光;如果水量过少,则单片机最小系统的引脚 3 输出高电平,控制黄色的 LED 发光。因此,可在水壶中不同的水量范围通过单片机最小系统中单片机的引脚 1、2、3 的输出信号控制 LED 灯发光的颜色,提醒人们注意烧水水位,防止水溢出和烧干的现象发生。

1.3　三色 LED 挂钟面板

三色 LED 之所以发出三种颜色,其实就是用了三颗芯片,都封装在同一个支架内,一般是有四个脚的三色灯。四个脚的三色灯有共阴和共阳之分,对于共阴三色灯,一个脚为阴极,另三个脚分别为三种颜色灯的阳极。

三色 LED 挂钟面板,在时针、分针、秒针走动时,不同的 LED 可发出不同颜色的光线,可方便夜间观看时间,也可以用于户外钟楼景观灯。

下面是三色 LED 挂钟面板的设计思路。

图 1.3.1 所示为三色 LED 挂钟面板结构示意图。三色 LED 挂钟面板包括挂钟底座(1)、单片机最小系统(2)、光敏传感器模块(3)、电源(4)、三色 LED(5)。

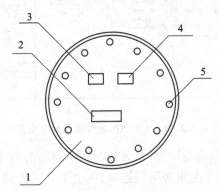

图 1.3.1　三色 LED 挂钟面板结构示意图

单片机最小系统和电源安装在挂钟底座的后面,三色 LED 有 12 个,呈圆形均匀分布在挂钟底座 1 至 12 点整点的方位上,在挂钟底座上打孔,光敏传感器模块和三色 LED 从挂钟底座的前面插入,在挂钟底座的后面连接导线。

图 1.3.2 所示为三色 LED 挂钟面板电路图。单片机最小系统包括单片机和 P0 口上拉电阻、时钟电路和复位电路。单片机最小系统中的单片机有 40 个引脚。

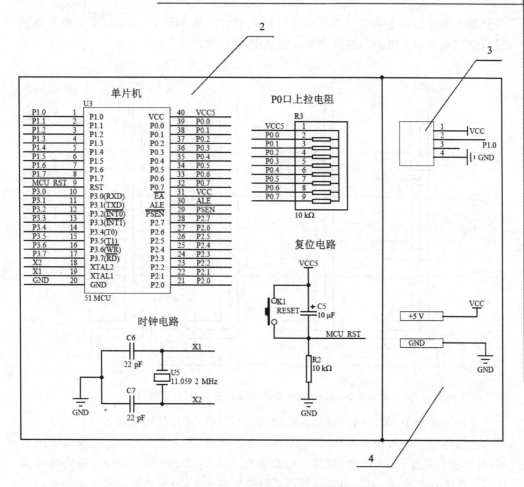

图 1.3.2　三色 LED 挂钟面板电路图

电源输出 5 V 直流电,其正极接单片机最小系统中单片机的引脚 40,负极接单片机最小系统中单片机的引脚 20。

光敏传感器模块内部电路有电阻分压和比较器比较输出两个部分,光敏传感器模块有 4 个引脚:引脚 1 是电源 VCC,引脚 2 是数字信号输出 DO,引脚 3 是模拟信号输出 AO,引脚 4 是接地 GND。焊接时,引脚 1 接电源的正极,引脚 4 接电源的负极,引脚 2 接单片机最小系统中单片机的引脚 1,引脚 3 悬空。

图 1.3.3 所示为三色 LED 挂钟面板三色 LED(5)连线图。三色 LED 有 12 个,每个都有 4 个引脚,它们发光的颜色分别为红光、蓝光、黄光。12 个三色 LED 分为 3 组,每组的三色 LED 的引脚 4 连接在一起并串联一个电阻后再分别接入单片机最小系统中单片机的引脚 2、3、4,每组的第 1 个 LED 的对应引脚相连接后再分别接入单片机最小系统中单片机的引脚 5、39、35,第 2 个 LED 的对应引脚相连接后再分别接入单片机最小系统中单片机的引脚 6、38、34,第 3 个 LED 的对应引脚相连接后再

分别接入单片机最小系统中单片机的引脚 7、37、33,第 4 个 LED 的对应引脚相连接后再分别接入单片机最小系统中单片机的引脚 8、36、32。

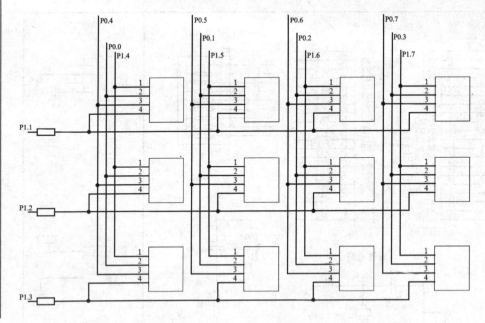

图 1.3.3 三色 LED 挂钟面板三色 LED(5)连线图

在使用过程中,可以通过单片机编程实现对三色 LED 的控制。

光敏传感器模块根据内部分压电路和比较电路,有光线时,引脚 2 输出电压为零,即输出低电平;无光线时,引脚 2 输出电压为 5 V,即输出高电平,光敏传感器模块可以作为一个开关,通过单片机最小系统控制三色 LED 只在夜间时才被点亮。三色 LED 挂钟调好时间开始工作时,通过单片机最小系统的内部计数器计时,设计程序使距离时针最近的三色 LED 发红光,距离分针最近的三色 LED 发蓝光,距离秒针最近的三色 LED 发黄光,这样,当时针、分针、秒针走动时,有 3 个三色 LED 发出不同颜色的光线。特殊的,当有 2 个或 3 个(时、分、秒)针接近时,规定时针的优先级最高,分针次之,秒针最低,这时,只有 2 个或 1 个三色 LED 发光。

1.4 LED 药品架

LED 药品架可用于放置药瓶并提醒患者正确吃药。下面介绍 LED 药品架的设计思路。

图 1.4.1 所示为 LED 药品架结构示意图。LED 药品架由水平板(1)、竖直板(2)、药瓶座(3)、第一数码管(4)、LED 灯(5)、第二数码管(6)、单片机最小系统(7)、电源端子(8)组成。

　　竖直板固定在墙上,水平板有两块,分别水平固定在竖直板的下端和中间,药瓶座是中空、无盖的圆柱形容器,每块水平板的上面固定 3 个药瓶座,在竖直板上钻孔,第一数码管、LED 灯、第二数码管、单片机最小系统的所有引脚通过孔洞安装在竖直板的正面,电源端子安装在竖直板背面的右下角,所有连接线通过导线在竖直板的背面连接。电源端子提供 5 V 直流电。

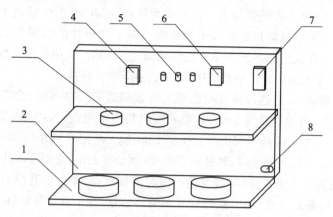

图 1.4.1　LED 药品架结构示意图

　　图 1.4.2 所示为 LED 药品架电路连接示意图。单片机最小系统包括单片机、P0口上拉电阻、时钟电路和复位电路。其中,单片机有 40 个引脚,电源端子正极接单片

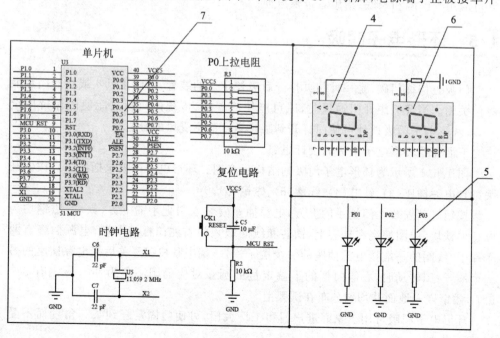

图 1.4.2　LED 药品架电路连接示意图

机最小系统中单片机的引脚 40,负极接单片机最小系统中单片机的引脚 20。

　　LED 灯有 3 个,分别为红灯、蓝灯、黄灯各 1 个。每个 LED 灯有一个阴极引脚和一个阳极引脚,3 个 LED 灯的阴极引脚分别串联一个电阻后接电源端子的负极,3 个 LED 灯即红灯、蓝灯、黄灯的阳极引脚分别依次接入单片机最小系统中单片机的引脚 38、37、36。

　　第一数码管、第二数码管均为一位共阴数码管,都有 10 个引脚,它们的引脚 8 连接在一起串联一个电阻后接电源端子的负极。第一数码管的引脚 1、2、4、6、7、9、10 分别依次接入单片机最小系统中单片机的引脚 1～7,第二数码管的引脚 1、2、4、6、7、9、10 分别依次接入单片机最小系统中单片机的引脚 21～27。

　　在使用过程中,可以通过单片机编程实现数码管和 LED 灯的控制。使用时,对药瓶座进行编号,例如编号为 1～6;对吃药时间范围事先规定,例如规定早晨吃药时间为 6:00—7:00,中午吃药时间为 11:00—12:00,晚上吃药时间为 18:00—19:00,第一数码管在到达吃药时间范围时,每过一定时间(例如 1 min)轮番显示药瓶座的编号,3 个 LED 灯只有一个被点亮,早晨吃药时间时蓝灯点亮,中午吃药时间时红灯点亮,晚上吃药时间时黄灯点亮;第二数码管显示吃药数量,这个数量是指第一数码管所指出的药瓶座的编号所对应药瓶里的药。

　　本设计中,LED 灯的颜色指示吃药时间,第一数码管指示吃哪瓶药,第二数码管指示吃多少粒药,提醒病人及时吃药并且不会吃错药,LED 灯还可提供照明。本设计可应用于医院和家庭,给患者带来方便。

1.5　环形电子门吸

　　门吸也俗称门碰,是一种门页打开后吸住定位的装置,以防止风吹或碰触门页而将门关闭。当我们想开门通风时,风可能使门关闭,传统的门吸只能使门保持门全开,本环形电子门吸设计可使门打开到某一角度而不受风的影响。

　　下面介绍环形电子门吸的设计思路。

　　图 1.5.1 所示为环形电子门吸的结构示意图。环形电子门吸包括门(1)、按钮开关(2)、电源插座(3)、铁芯(4)、线圈(5)、磁钢(6)。

　　按钮开关安装在门把手的上方,电源插座安装在门把手的下方,铁芯、磁钢均为圆柱形铁块,线圈缠绕在铁芯上,铁芯和线圈嵌入门右侧门框的下端;电源插座有两个端子,线圈的一端接电源插座的一个端子,另一端串联按钮开关后接电源插座的另一个端子;门转动时,右侧门框的下端走过的圆弧对应的圆心角为 90°,磁钢有 5～9 个,磁钢嵌入地面并均匀分布在圆弧上。

　　环形电子门吸可用于家庭进户门和工厂大门,可使门固定开到某一角度而不受风的影响。

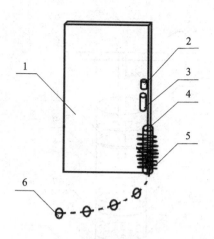

图 1.5.1　环形电子门吸结构示意图

1.6　自点亮打气筒

使用打气筒时,要把它的出气管接到自行车轮胎的气门上,气门的作用是只允许空气从打气筒进入轮胎,不允许空气从轮胎倒流入打气筒。打气筒的活塞与筒壁之间有空隙,活塞上有个向下凹的橡皮碗,向上拉活塞时,活塞下方的空气体积增大,压强减小,活塞上方的空气就从橡皮碗四周挤到下方;向下压活塞时,活塞下方空气体积缩小,压强增大,使橡皮碗紧抵着筒壁不让空气漏到活塞上方;继续向下压活塞,当空气压强足以顶开轮胎的气门芯时,压缩空气就进入轮胎,同时打气筒外的空气从筒上端的空隙进入活塞的上方。

电磁感应现象是指放在变化磁通量中的导体,会产生电动势。此电动势称为感应电动势,若将此导体闭合成一回路,则该电动势会驱使电子流动,形成感应电流。

现有自行车打气筒只能打气,不能发光。本自点亮打气筒,可在打气时自动发光,可用于夜间打气时的照明,亦增加了打气的趣味性。

下面介绍自点亮打气筒的设计思路。

图 1.6.1 所示为自点亮打气筒结构示意图。自点亮打气筒由把手(1)、推杆(2)、筒壁(3)、第一线圈(4)、第二线圈(5)、出气管(6)、第一 LED(7)、第二 LED(8)、活塞(9)、橡皮垫(10)组成。

其工作原理是:把手与推杆垂直,推杆的上端固定在把手的中点上,活塞是一个圆柱形磁铁,推杆的下端穿过橡皮垫的中心并固定在活塞的中心上,橡皮垫的下表面与活塞的上表面紧密接触,筒壁由绝缘材料制成,橡皮垫和活塞放入筒壁中,把手和推杆可带动橡皮垫和活塞在筒壁中做上下运动,从筒壁的外部侧表面分别嵌入第一

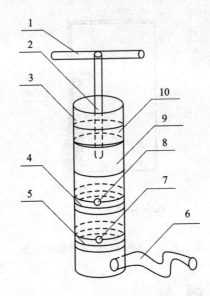

图 1.6.1　自点亮打气筒结构示意图

线圈、第二线圈、第一 LED 及第二 LED，第一线圈和第二线圈都有 100~1 000 匝，第一线圈和第二 LED 构成闭合回路，第二线圈和第一 LED 构成闭合回路，出气管安装在筒壁侧表面的底部。

在使用自点亮打气筒打气时，活塞在第一线圈和第二线圈中上下运动，根据电磁感应现象，第一线圈和第二线圈中将产生感应电动势，由于 LED 具有单向导电性，活塞向下运动时第一 LED 点亮，活塞向上运动时第二 LED 点亮。

1.7　太阳能 LED 书夹

太阳能电池板是由若干个太阳能电池组件按一定方式组装在一块板上的组装件。其主要材料是半导体硅，太阳光照在半导体 p-n 结上，形成新的空穴-电子对，在 p-n 结电场的作用下，空穴由 n 区流向 p 区，电子由 p 区流向 n 区，接通电路后就形成电流。太阳能电池板的使用寿命由电池片、钢化玻璃等材质决定，一般使用寿命可以达到 25 年，受环境变化的影响，太阳能电池板的材料会随时间而老化，功率会衰减。

下面介绍太阳能 LED 书夹的设计思路。

图 1.7.1 所示为太阳能 LED 书夹结构示意图。太阳能 LED 书夹由书夹底板(1)、书夹转轴(2)、书夹上板(3)、太阳能电池板(4)、支架转轴(5)、支架(6)、LED 灯(7)组成。书夹分为上下两层，即书夹底板和书夹上板，它们由书夹转轴相连接。书夹上板由书夹转轴分成为宽窄两个部分，窄的部分与书夹底板粘连在一起，不能活

动,宽的部分可绕书夹转轴转动,其外表面嵌入太阳能电池板和支架转轴,支架固定在支架转轴上并可绕其转动,LED灯嵌入书夹上板的内表面,LED灯由太阳能电池板供电。

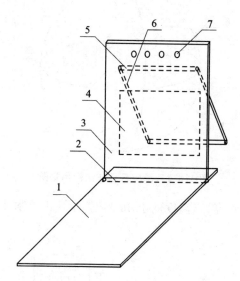

图1.7.1　太阳能LED书夹结构示意图

白天时,合上书夹上板,把太阳能LED书夹放在阳光下对太阳能电池板充电,夜晚时,打开书夹上板,支好支架,可在LED灯下学习。

1.8　温控三色球

温度传感器是指能感受温度并转换成可用输出信号的传感器。温度传感器是传感器中最为常用的一种,现代的温度传感器外形非常小,广泛应用于生产实践的各个领域,为人们的生活提供了便利。温度传感器有四种主要类型:热电偶、热敏电阻、电阻温度检测器和集成温度传感器。集成温度传感器又包括模拟输出和数字输出两种类型。

温控三色球可用于体温的测量或作为玩具使用。下面介绍温控三色球的设计思路。

图1.8.1所示为温控三色球结构示意图。温控三色球由球体(1)、温度传感器(2)、单片机(3)、红色LED灯(4)、绿色LED灯(5)、黄色LED灯(6)组成。球体(1)由透明塑料制成,球体(1)内部放入温度传感器(2)、单片机(3)和3个LED灯(4)、(5)、(6)。

图1.8.2所示为温控三色球信号处理方框图。温度传感器的输出信号送入单片机,当温度高于37℃时,单片机控制红色LED灯点亮,当温度介于36~37℃时,单

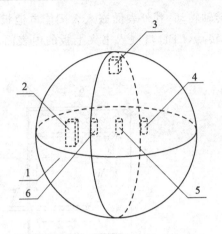

图 1.8.1　温控三色球结构示意图

片机控制绿色 LED 灯点亮,当温度低于 36 ℃时,单片机控制黄色 LED 灯点亮。

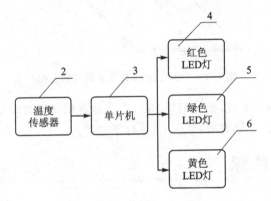

图 1.8.2　温控三色球信号处理方框图

使用时,将温控三色球挟在腋下,3 min 后,如果绿色 LED 灯点亮说明体温正常,否则体温异常。

1.9　激光发卡

在日常生活中,发卡是一种使用极其广泛的头饰品,品种繁多,花样丰富,但是仅是在材料和样式上有所变化。本设计介绍了一种能发射激光的新型激光发卡。激光发射头是一种常见的激光发射元件,小功率激光发射头已广泛用于激光笔、玩具等电子设备中,成本较低,使用灵活。

柔性电路板是以聚酰亚胺或聚酯薄膜为基材制成的一种具有高度可靠性和绝佳可挠性的印刷电路板,特点是配线密度高、质量轻、厚度薄,主要用于手机、笔记本电脑、PDA、数码相机、LCM 等很多产品。

图 1.9.1 所示为激光发卡结构示意图。激光发卡由激光发射头(1)、发卡主体(2)、控制电路(3)、按键(4)、电池(5)构成。激光发射头、控制电路、按键和电池都嵌在发卡主体内,由柔性电路板连接,控制电路采集按键的信号来选择激光发射头的激光发射状态,产生不同的视觉效果,可以使用按键来控制电路的开关状态,当电路开启时,发卡发出激光束,其夜晚视觉效果较好。

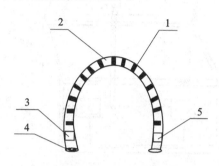

图 1.9.1 激光发卡结构示意图

图 1.9.2 所示为激光发卡的发卡主体(2)剖面图。它包含透明发卡罩(2-1)、发卡底部支撑架(2-2)、柔性电路板(2-3)。柔性电路板固定在发卡底部支撑架上,由透明发卡罩盖住并密封,柔性电路板作为载体将激光发射头、控制电路、按键、电池连接起来作为一个完整的电路。

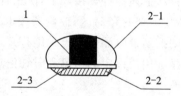

图 1.9.2 激光发卡剖面图

1.10 定时礼品盒

礼品盒是容纳礼品的盒子,种类多种多样,主要的设计针对盒子的结构和外观,也有的加入了声光功能,增加了礼品给人带来的惊喜,但有些时候为了保证礼品的神秘性,需要礼品在特定的时间内方可打开,针对此需求,本节介绍了一种带有定时功能的礼品盒的设计方法,下面结合图示对本其具体设计思路作详细说明。

图 1.10.1 所示为一种定时礼品盒的结构示意图。它包含盒子主体(1)、控制电路板(2)、锁环(3)、电线(4)、锁孔(5)、电动锁(6)。

控制电路板固定在盒子主体盖内部,锁孔位于盒子主体前面板上部,电动锁嵌在盒子主体前面板内部,与控制电路板由电线连接。当盒子盖上时,锁环刚好进入锁孔

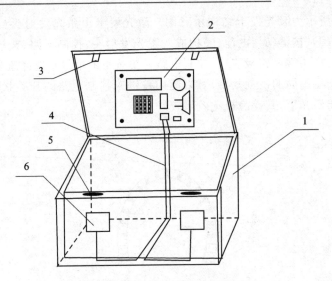

图 1.10.1 定时礼品盒结构示意图

触动电动锁上锁,当到达使用者设定的时间时,控制电路板控制电动锁打开。

图 1.10.2 所示为控制电路板(2)的结构图。定时礼品盒的控制电路板(2)包含控制器(2-1)、液晶显示屏(2-2)、矩阵键盘(2-3)、继电器(2-4)、时钟芯片(2-5)、扬声器(2-6)和电池(2-7)。

控制电路板是印刷电路板,上述器件焊接其上,使用者通过矩阵键盘设置开锁时刻并利用控制器存于时钟芯片内部的存储区,控制器读取时钟芯片的时间信息与存储的开锁时间比对,时间到则控制继电器带动电动锁打开,同时利用扬声器提供声音信息提醒,液晶显示屏用于显示用户设定的信息和时钟信息。 使用前,需要准确设定的时钟芯片时间,电池可更换。

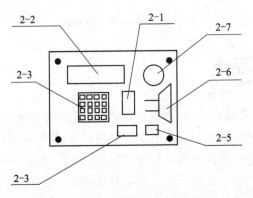

图 1.10.2 控制电路板(2)结构图

1.11　定时提醒椅子

随着现代生活节奏的加快和生活方式的改变,人们更多的时间是坐着办公和娱乐,而很容易忘却时间,久而久之,使得腰部因缺少锻炼而导致肌肉或脊椎劳损进而发生病变。本设计在座椅的基础上加装了定时提醒装置,可以提醒使用者定时起身活动或休息。单片机是一种常用的控制芯片。压力传感器能够将压力信号转变为电信号。

图 1.11.1 所示为一种定时提醒椅子。它包含椅子背(1)、椅子腿(2)、椅子座面(3)、压力传感器(4)、控制电路(5)、紧固螺丝(6)。

压力传感器嵌入椅子腿底部固定,控制电路嵌入椅子座面底部,并由紧固螺丝拧紧固定于椅子座面,压力传感器通过椅子腿内部的导线与控制电路相连。当使用者坐到椅子上时,由于压力作用使得位于椅子腿底部的压力传感器产生电信号,控制电路中的单片机检测到该信号时,开始计时,当时间到达设定值时,控制音乐芯片工作,喇叭发声。提醒使用者起身活动,当使用者起身时,单片机检测到压力传感器的电信号后控制喇叭停止发声。使用者可根据需要设定提醒间隔时间及活动时间。

17

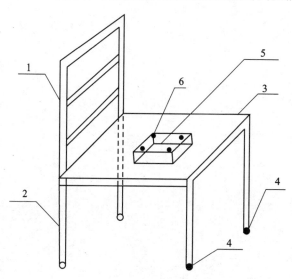

图 1.11.1　定时提醒椅子结构示意图

图 1.11.2 所示为控制电路(5)的原理图。它由调理电路(5−1)、数码管(5−2)、单片机(5−3)、键盘(5−4)、音乐芯片(5−5)和喇叭(5−6)构成。

压力传感器将压力转换成电信号,调理电路将其转换开关量,单片机检测该开关量来控制计时器计时,并随时比较设定时间,时间到则控制音乐芯片发声,用户用键盘设定具体的提醒间隔时间和活动时间,数码管用于显示。

电子创新设计

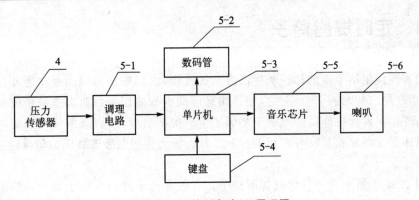

图 1.11.2　控制电路(5)原理图

18

第**2**章

文化娱乐

2.1　电子扑克游戏机

我们尝试把玩纸牌游戏电子化、数字化,用 1 个二位一体数码管显示的数字来表示 1 张牌的大小,用 4 个 LED 灯的颜色来表示 1 张牌的花形,3 个二位一体数码管和 12 个 LED 灯即可代替 3 张牌进行游戏。电子扑克游戏机结构简单、使用方便、操作效果较好,并且克服了偷牌、换牌、看牌等诸多弊端。

电子扑克游戏机结构如图 2.1.1 所示,由有机玻璃板(1)、单片机最小系统板(2)、显示板(3)、中控按钮(4)、固定铜柱(5)组成。

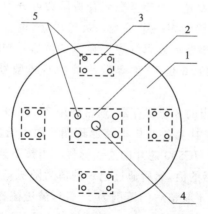

图 2.1.1　电子扑克游戏机结构示意图

固定铜柱把单片机最小系统板、显示板固定在有机玻璃板的下面,中控按钮安放在有机玻璃板的中央并用导线与单片机最小系统板相连接。

图 2.1.2 所示为电子扑克游戏机显示板(3)的结构示意图。显示板(3)是 N 块 PCB 板,N 为参加游戏的人数,$2 \leqslant N \leqslant 17$。每块显示板上焊接 3 个二位一体数码管(3-1),每个二位一体数码管显示的数字在 1~13 之间,用于区分每张牌的点数;每个二位一体数码管下面安装 4 个 LED 灯(3-2),4 个 LED 灯的颜色不同,且每次只有一个被点亮,用于区分每张牌的花色。中控按钮按下后,由单片机最小系统板产生

$3N$ 个 4～55 之间的随机整数,每个随机整数除以 4 取整后的范围为 1～13,被送往各个二位一体数码管,每个随机整数除以 4 取余后的范围为 0～3,被送往各个 LED 灯。使用时,中控按钮按下后,每个人前面的显示板将模拟显示牌的点数和花色,使用者根据一定的规则进行游戏。

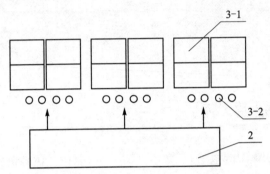

图 2.1.2　电子扑克游戏机显示板(3)的结构示意图

　　根据本设计所制作的电子扑克游戏机可用于娱乐,也可用于大学生实习、实训、创新创业训练等。

　　单片机造价低廉,使用简单,几乎在所有领域里都有应用。数码管是一种半导体发光器件,其基本单元是发光二极管。数码管按段数可分为七段数码管和八段数码管,八段数码管比七段数码管多一个发光二极管单元,也就是多一个小数点(DP)。这个小数点可以更精确地表示数码管想要显示的内容;按能显示多少个 8 可分为 1 位、2 位、3 位、4 位、5 位、6 位、7 位等数码管。不同型号的数码管的译码规则不同。

　　74HC595 为串入并出的 8 位寄存器,通常使用 74HC595 进行端口扩展。

　　图 2.1.3 所示为电子扑克游戏机电路原理图。图中给出了 3 个二位一体数码管、12 个 LED 灯、3 个 74HC595 芯片的连线标号。当按下连接 P3.7 的中控按钮时单片机会记录当时计数器的值,然后通过记录的值为随机量产生 4～55 之间的随机整数,每个随机整数除以 4 取整后的范围为 1～13,被送往各个二位一体数码管,每个随机整数除以 4 取余后的范围为 0～3,被送往各个 LED 灯。随机数处理好后,通过 74HC595 进行发送显示。P30 连接 74HC595 数据口 14,P31 连接 74HC595 时钟口 11,P32 连接 74HC595 复位口 12,P33 连接 74HC595 高阻口 13。通过串口同步进行数据显示。

　　单片机程序方框图如图 2.1.4 所示。

　　程序包含随机整数产生子程序、显示子程序、延迟子程序等。单片机设置人数和随机数的程序如下:

```
uchar ren = 2;                      //人数设置
uchar t;                            //产生随机数个数,人数的 3 倍
```

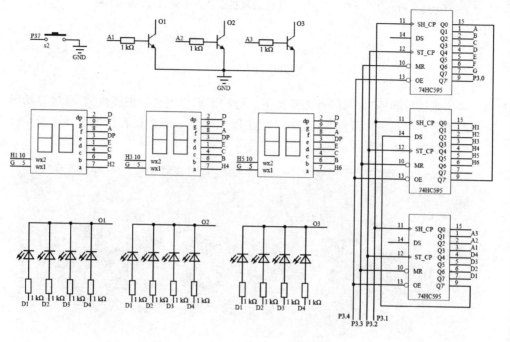

图 2.1.3　电子扑克游戏机电路原理图

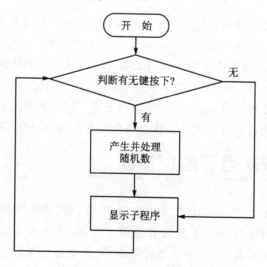

图 2.1.4　单片机程序方框图

```
uchar a,b;                    //放随机数据,前面是人数
void suiji()                  //随机数产生
{
    uchar i;
    t[0] = TH0 % 52 + 4;
```

```
for(i = 1;i<6;i++)          //i代表随机数产生个数,3个为一组牌
{
    t[i] = (TH0 * t[i-1] + TH0 * s[TL0 % 60]) % 52 + 4;
}
}
```

单片机运行程序后,判断有无键按下。键按下后产生并处理随机数,通过显示子程序控制各个二位一体数码管显示,同时点亮 LED 灯。程序运行后电子扑克游戏机显示板实物图如图 2.1.5 所示。

图 2.1.5　电子扑克游戏机显示板实物图

本设计使用单片机最小系统、二位一体数码管、LED 灯等器件设计并实现了电子扑克游戏机,使用二位一体数码管显示 1～13 之间的数字,用于区分每张牌的点数,每个二位一体数码管下面安装 4 个 LED 灯,4 个 LED 灯的颜色不同,每次只有一个被点亮,用于区分每张牌的花色。采用 74HC595 芯片进行单片机端口扩展。电子扑克游戏机可代纸牌游戏,克服了纸牌游戏偷牌、换牌、看牌等诸多弊端;也可用于大学生实习、实训、创新创业训练等。作品制作相对简易,适用于大批量生产。

2.2　双色 LED 电子围棋挂盘

围棋发源于中国古代,是一种二人对弈游戏,使用网格状棋盘以及黑白二色棋子进行对弈。目前围棋流行于亚太地区并覆盖了全球,是一种非常流行的棋类游戏。网格状棋盘的盘面上各有纵横 19 条平行等距、互相垂直交叉的直线,共构成 361 个交叉点。现在的围棋挂盘由铁磁性材料制成,在讲解时费时费力,视觉效果较差。为此本设计设计制作了一种结构简单、使用方便、视觉效果较好的双色 LED 电子围棋挂盘。用双色 LED 显示两种不同的颜色,代替两种不同颜色的棋子。

双色 LED 电子围棋挂盘结构如图 2.2.1 所示。双色 LED 电子围棋挂盘由单片机最小系统板(1)、两个 19×19 矩阵键盘(2)及 19×19 双色 LED 点阵(3)组成。

19×19 双色 LED 点阵固定在有机玻璃板上,两个 19×19 矩阵键盘用洞洞板焊

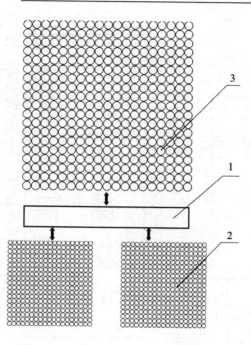

图 2.2.1　双色 LED 电子围棋挂盘结构

接。单片机最小系统板通过扫描两个 19×19 矩阵键盘控制 19×19 双色 LED 点阵，当一个 19×19 矩阵键盘中的某一个键按下时，19×19 双色 LED 点阵中对应位置处的 LED 灯发某种颜色的光；当另一个 19×19 矩阵键盘中的某一个键按下时，19×19 双色 LED 点阵中对应位置处的 LED 灯发出另一种颜色的光。

在围棋讲解过程中，19×19 双色 LED 点阵固定在墙上，两个主持人每人拿一个 19×19 矩阵键盘，他们按下按键，19×19 双色 LED 点阵中的 LED 将分别发出不同颜色的光来代表黑白子。

本设计设计制作的双色 LED 电子围棋挂盘可用于少儿围棋教室、电视台围棋讲解大厅、市政广场特殊灯光工程，也可用于大学生实习、实训、创新创业训练等。

单片机在几乎所有领域都有应用。单片机最小系统电路如图 2.2.2 所示，包括单片机、晶振电路、复位电路、电源。一般单片机用 5 V 电源给系统供电。复位电路用于程序跑飞时使程序重新执行，相当于电脑的重启。晶振给单片机运行提供时钟。P0 口使用时一般通过接排阻拉高电平。

为叙述、画图及制作简单起见，本设计以 8×8 双色 LED 电子围棋挂盘为例进行设计和论述。本设计使用了单片机的几乎所有端口，其 P0 口接线标号为 P0.0～P0.7，P1 口接线标号为 P1.0～P1.7，P2 口接线标号为 P2.0～P2.7，P3 口接线标号为 P3.0～P3.7。

在键盘中按键数量较多时，为了减少 I/O 口的占用，通常将按键排列成矩阵键盘的形式。本设计需焊接两个 8×8 矩阵键盘，在矩阵键盘中，每条水平线和垂直线

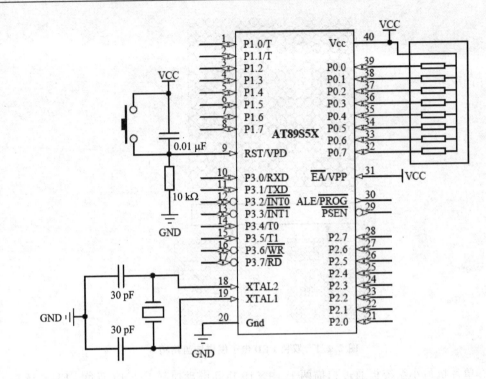

图 2.2.2　单片机最小系统电路

在交叉处不直接连通,而是通过一个按键加以连接。通过中断程序使用行扫描法逐行逐列扫描查询。其中:P0.0~P0.7 连接两个键盘的公共行,P1.0~P1.7 连接第一个 8×8 矩阵键盘的列,P2.0~P2.7 连接第二个 8×8 矩阵键盘的列。矩阵键盘与单片机端口的连接方式如图 2.2.3 所示。

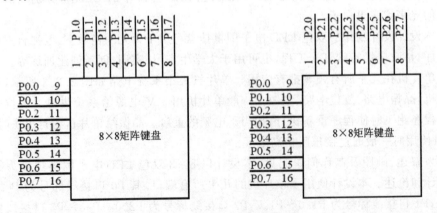

图 2.2.3　矩阵键盘连接方式

74HC595 为串入并出的 8 位寄存器,通常使用 74HC595 进行端口扩展。74HC595 电路的连接方式如图 2.2.4 所示。单片机 P3.0 口连接第一个 74HC595

的引脚 14,即串行数据输入引脚 DS,第一个 74HC595 的引脚 9 输出送入第二个 74HC595 的引脚 14,第二个 74HC595 的引脚 9 输出送入第三个 74HC595 的引脚 14,单片机 P31 口连接 3 个 74HC595 的引脚 11,即移位寄存器时钟输入端口 SH_ CP,单片机 P32 口连接 3 个 74HC595 的引脚 12,即存储寄存器时钟输入端口 ST_ CP,单片机 P33 口连接 3 个 74HC595 的引脚 13,即控制低电平时输出有效端口 OE。第一个 74HC595 的 Q0~Q7 即 8 位并行数据输出端串联 1 kΩ 电阻后连线标号为 C0~C7,第二个 74HC595 的 Q0~Q7 输出端串联 1 kΩ 电阻后连线标号为 B0~B7,第三个 74HC595 的 Q0~Q7 输出端串联 1 kΩ 电阻后连线标号为 A0~A7,这三组数据用于控制双色 LED 点阵。

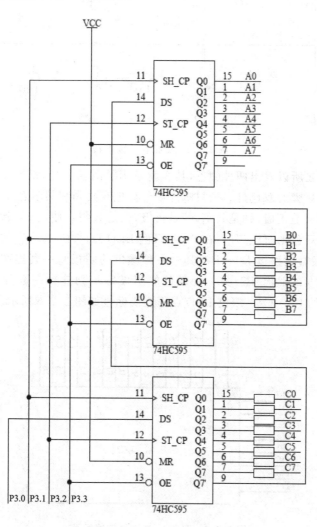

图 2.2.4　74HC595 电路

图 2.2.5 所示为三极管放大电路。使用 8 个 NPN 型三极管对第三个 74HC595 输出的 A0～A7 进行电流放大,8 个三极管的集电极接电源 VCC,基极分别串联 1 kΩ 的电阻后连接第三个 74HC595 输出的 A0～A7,8 个三极管的发射极顺序标号为 D0～D7。

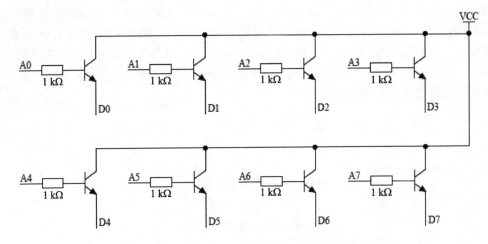

图 2.2.5　三极管放大电路

双色 LED 之所以发出两种颜色,其实就是用了两颗芯片,都封装在同一个支架内,一般是有三只脚的双色灯。三只脚的双色灯也有共阴和共阳之分,三只脚的长短不一,中间的脚若是正极,则是共阳,若是负极,则是共阴。使用 64 个双色共阳 LED 焊接一个 8×8 双色 LED 点阵。在 8×8 双色 LED 点阵中,每一行的共阳端连在一起分别连接三极管发射极 D0～D7,其中一种颜色的阴极每一列连在一起分别连接第二个 74HC595 的 B0～B7;另一种颜色的阴极每一列连在一起分别连接第一个 74HC595 输出的 C0～C7。双色 LED 点阵连线标号如图 2.2.6 所示。

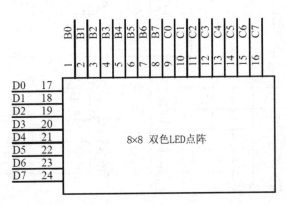

图 2.2.6　双色 LED 点阵连线标号

单片机程序方框图如图 2.2.7 所示。单片机运行程序时,通过中断程序使用行扫描法逐行逐列扫描查询,判断两个 8×8 矩阵式键盘有无按键按下。当有按键按下时对键值进行处理,处理结果通过显示子程序点亮双色 LED 点阵。程序运行后双色 LED 电子围棋挂盘实物图如图 2.2.8 所示。

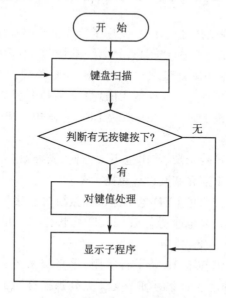

图 2.2.7　程序方框图

图 2.2.8　双色 LED 电子围棋挂盘实物图

　　本设计使用单片机最小系统、自焊接矩阵键盘及自焊接双色 LED 点阵等器件设计并实现了双色 LED 电子围棋挂盘,使用双色 LED 显示两种不同的颜色,代替两种不同颜色的棋子。采用 74HC595 芯片进行单片机端口扩展。双色 LED 电子围棋挂盘可代替围棋磁性挂盘进行围棋下棋过程的讲解,适用于各类围棋比赛的讲解过程,可用于少儿围棋教室、电视台围棋讲解大厅、市政广场特殊灯光工程,也可用于大学生实习、实训、创新创业训练等。

2.3　光控双色 LED 电子围棋挂盘

在双色 LED 电子围棋挂盘设计中,使用了单片机最小系统板、19×19 双色 LED 点阵和两个 19×19 矩阵键盘进行挂盘设计,用单片机最小系统板控制 19×19 双色 LED 点阵和两个 19×19 矩阵键盘,当一个 19×19 矩阵键盘中的某一个键按下时,19×19 双色 LED 点阵中对应位置处的 LED 灯发某种颜色的光,当另一个 19×19 矩阵键盘中的某一个键按下时,19×19 双色 LED 点阵中对应位置处的 LED 灯发出另一种颜色的光。

上述设计实施起来比较麻烦,使用也不太方便,光控双色 LED 电子围棋挂盘对上述设计进行了改进。下面介绍其设计思路。

图 2.3.1 所示为光控双色 LED 电子围棋挂盘结构示意图。光控双色 LED 电子围棋挂盘由围棋棋盘(1)、光电半导体管(2)、圆柱状孔(3)、单片机最小系统板(4)、19×19 双色 LED 点阵(5)组成。

围棋棋盘盘面上有纵横各 19 条平行等距、垂直交叉的直线,共构成 19×19＝361 个交叉点,在围棋棋盘盘面上的每个交叉点处都挖有圆柱状孔,共有 361 个,在每个圆柱状孔中都放入一个光电半导体管,共有 361 个。这 361 个构成一个 19×19 点阵,19×19 双色 LED 点阵固定在有机玻璃板上,单片机最小系统板控制 19×19 双色 LED 点阵和 19×19 点阵。当在围棋棋盘上某些位置处轮换摆放黑、白棋子时,19×19 双色 LED 点阵中对应位置的双色 LED 就轮换发出两种颜色的光。

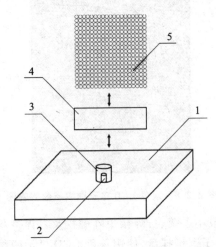

图 2.3.1　光控双色 LED 电子围棋挂盘结构示意图

在围棋讲解过程中,19×19 双色 LED 点阵固定在墙上,随着棋局的进行,19×19 双色 LED 点阵中的 LED 将分别发出不同颜色的光来代表黑白子。

2.4　遥控式双色 LED 电子围棋挂盘

现在的围棋挂盘用磁性材料制成,视觉效果较差。双色 LED 电子围棋挂盘的设计虽然对此进行了改进,但需使用两个 19×19 矩阵键盘,由两个主持人进行讲解,费时费力。光控双色 LED 电子围棋挂盘又改进了上述设计,但需使用 361 个光敏三极管,结构比较复杂,稳定性差。

下面介绍遥控式双色 LED 电子围棋挂盘的改进设计思路。

图 2.4.1 所示为遥控式双色 LED 电子围棋挂盘结构示意图。遥控式双色 LED 电子围棋挂盘由单片机最小系统(1)、电源端子(2)、第一红外接收头(3)、第一红外遥控器(4)、第二红外遥控器(5)、第二红外接收头(6)、第一移位寄存器(7)、第二移位寄存器(8)、8×8 双色 LED 点阵(9)、第三移位寄存器(10)组成。

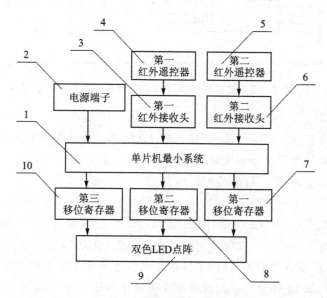

图 2.4.1　遥控式双色 LED 电子围棋挂盘结构示意图

其中,除两个红外遥控器外,其他器件均通过钻孔安装在有机玻璃板正面,所有连接线用导线在有机玻璃板背面连接,第一红外遥控器、第二红外遥控器通过两个人进行操作。

图 2.4.2 所示为遥控式双色 LED 电子围棋挂盘接收电路示意图。单片机最小系统包括单片机、P0 口上拉电阻、时钟电路和复位电路。其中单片机有 40 个引脚。

电源端子输出 5 V 直流电,其正极接单片机最小系统中单片机的引脚 40,负极接单片机的引脚 20。

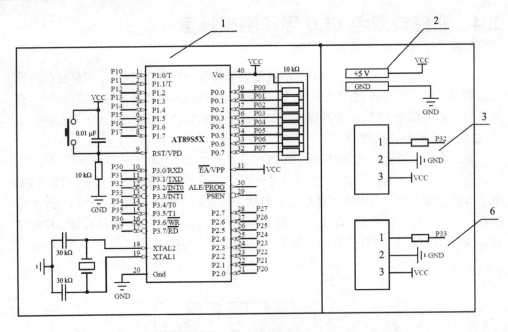

图 2.4.2　遥控式双色 LED 电子围棋挂盘接收电路示意图

第一红外接收头、第二红外接收头均有 3 个引脚。这两个红外接收头中,引脚 2 连接在一起后接电源端子的负极,引脚 3 连接在一起后接电源端子的正极,引脚 1 分别串接一个电阻后再依次分别接单片机最小系统中单片机的引脚 12、13。

第一红外遥控器、第二红外遥控器均为 21 键红外遥控器。

图 2.4.3 所示为遥控式双色 LED 电子围棋挂盘双色 LED 点阵电路示意图。3 个移位寄存器均为 74HC595 芯片,每个 74HC595 芯片都有 16 个引脚。3 个移位寄存器中的引脚 8 连接在一起后接电源端子的负极,引脚 16 连接在一起后接电源端子的正极;第一移位寄存器的引脚 14 接单片机最小系统中单片机的引脚 14;3 个移位寄存器中的引脚 11 连接在一起后接单片机最小系统中单片机的引脚 15,引脚 12 连接在一起后接单片机最小系统中单片机的引脚 16,引脚 13 连接在一起后接单片机最小系统中单片机的引脚 17,引脚 10 连接在一起后接电源端子的正极;第一移位寄存器的引脚 9 接第二移位寄存器的引脚 14,第二移位寄存器的引脚 9 接第三移位寄存器的引脚 14。

8×8 双色 LED 点阵有 8 行 8 列共 64 个双色 LED 灯,每个 LED 灯都有 3 个引脚,这 3 个引脚一个是阴极引脚,两个是两种颜色的阳极引脚,8×8 双色 LED 点阵中每一行的阴极引脚分别连接在一起后再依次连接第三移位寄存器的引脚 15 和引脚 1~7,每一列的一种阳极引脚分别连接在一起串联一个电阻后再依次连接第二移位寄存器的引脚 15 和引脚 1~7,每一列的另一种阳极引脚分别连接在一起串联一个电阻后再依次连接第一移位寄存器的引脚 15 和引脚 1~7。

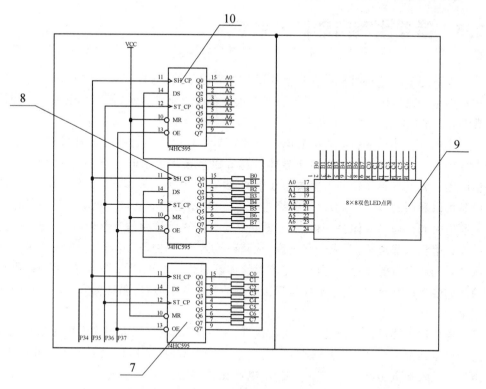

图 2.4.3　遥控式双色 LED 电子围棋挂盘双色 LED 点阵电路示意图

通过增加 74HC595 移位寄存器对单片机的端口进行扩展,即可实现 19×19 的双色 LED 点阵。

在使用过程中,可以通过单片机编程实现对 8×8 双色 LED 点阵的控制。使用时,第一红外遥控器按键 3 次,第一次按键用于单片机分辨遥控器,第二次按键用于单片机分辨 8×8 双色 LED 点阵中一种颜色的 LED 的行,第三次按键用于单片机分辨 8×8 双色 LED 点阵中这种颜色的 LED 的列。按键 3 次后,8×8 双色 LED 点阵对应位置处的一种颜色的 LED 灯点亮。第二红外遥控器按键 3 次,第一次按键用于单片机分辨遥控器,第二次按键用于单片机分辨 8×8 双色 LED 点阵中另一种颜色的 LED 灯的行,第三次按键用于单片机分辨 8×8 双色 LED 点阵中该种颜色的 LED 的列。按键 3 次后,8×8 双色 LED 点阵对应位置处的另一种颜色的 LED 灯点亮。在围棋讲解过程中,8×8(或 19×19)双色 LED 点阵固定在墙上,随着棋局的进行,8×8(或 19×19)双色 LED 点阵中的 LED 将分别发出不同颜色的光来代表黑白子,模拟围棋下棋过程。通过遥控器遥控双色 LED 灯的点亮讲解围棋,不用人工摆放棋子,同时增加了围棋讲解的趣味性。

2.5　篮球比赛自动计分系统

篮球记分时是用两叠带有数字的记分牌来记分的,这种记分方法费时、费力,还容易出错。篮球比赛时,计分系统虽然用大屏幕或数码管显示,但都是由人工控制计数的,自动化程度不高。下面介绍一个篮球比赛自动计分系统的设计思路。

光电半导体管传感器简称光电半导体管是具有放大能力的光电转换器,广泛用于各种自动光控电路中。光电半导体管与普通半导体管相似,也分为 PNP 或 NPN型两类。光电半导体管的引出脚有 3 个的,也有 2 个的。在 3 个引出脚的结构中,基极是可以利用的,在 2 个引出脚的结构中,光窗口就是它的基极。光电半导体管在无光照射时和普通半导体管一样,处于截止状态。当光信号照射其基极时,半导体受光激发产生很多载流子,形成光照电流,从基极输入半导体管。这样,集电极流过的电流就是光照电流的 β 倍。可以把光电半导体管看作一个电阻元件,其电阻随接收到的光的强弱而变化,当光电半导体管接收到的光比较弱时,电阻就变大;反之,电阻就变小。

电压比较器可以看作是放大倍数接近"无穷大"的运算放大器。电压比较器比较两个电压的大小,当"+"输入端电压高于"-"输入端时,电压比较器输出为高电平;当"+"输入端电压低于"-"输入端时,电压比较器输出为低电平。由于比较器的输出只有低电平和高电平两种状态,所以其中的集成运放常工作在非线性区。常见的有 LM324、LM358、uA741、TL081\2\3\4、OP07、OP27,这些都可以做成电压比较器。图 2.5.1 所示为 OP07 芯片的引脚说明,引脚 1 和 8 为偏置平衡(调零端),引脚 2为反向输入端,引脚 3 为正向输入端,引脚 4 为接地,引脚 5 为空,引脚 6 为输出,引脚 7 为接电源+。

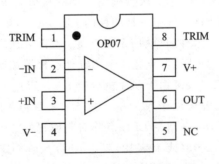

图 2.5.1　OP07 引脚说明

对两个或多个数据进行比较,以确定它们是否相等,或确定它们之间的大小关系及排列顺序称为比较。能够实现这种比较功能的电路或装置称为比较器。比较器是将一个模拟电压信号与一个基准电压相比较的电路。比较器的两路输入为模拟信号,输出则为二进制信号,当输入电压的差值增大或减小时,其输出保持恒定。

运算放大器在不加负反馈时,从原理上讲可以用作比较器,但由于运算放大器的开环增益非常高,它只能处理输入差分电压非常小的信号。在这种情况下,运算放大器的响应时间比比较器慢许多,而且也缺少一些特殊功能,如:滞回、内部基准等。比较器通常不能用作运算放大器,比较器经过调节可以提供极小的时间延迟,但其频响特性受到一定限制,运算放大器正是利用了频响修正这一优势而成为灵活多用的器件。

图 2.5.2 所示为篮球比赛自动计分装置篮筐的结构示意图。篮球计分装置由篮筐(1)、发射筒(2)、LED 灯(3)、接收筒(4)、光电半导体管(5)组成。

发射筒、接收筒分别固定在篮筐的两个侧下方,它们的中心轴在一条直线上,LED 灯放入发射筒中,光电半导体管放入接收筒中。

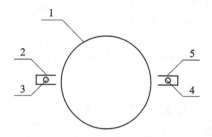

图 2.5.2 篮球比赛自动计分装置篮筐的结构示意图

图 2.5.3 所示为篮球比赛自动计分装置电路结构示意图。篮球比赛自动计分装置电路由 LED 灯 D1、光电半导体管 D2、电阻 R_1、电阻 R_2、电阻 R_4、电阻 R_3、集成运放、电阻 R_5、单片机、数码管组成。

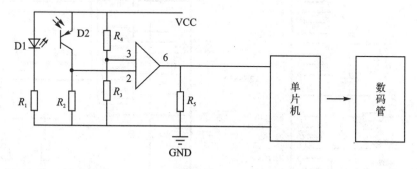

图 2.5.3 篮球比赛自动计分装置电路结构示意图

电阻 R_1 为 LED 灯 D1 的限流电阻,接通电源后,D1 发光,在实际使用时可用红外线发射管,在制作过程中为观察清楚起见使用了发射红光的 D1。光电半导体管 D2 的电阻 R_{D2} 随它接收到光的强弱而变化,当 D2 接收到的光比较弱时,它的电阻 R_{D2} 变大,反之电阻 R_{D2} 变小。光电半导体管 D2、电阻 R_2 构成了一个分压电路,加在 R_2 上的电压大小为 $VCC \cdot R_2/(R_2 + R_{D2})$,其中 VCC 为电源电压。可见,光强时,$R_{D2}$ 小,R_2 上的电压大,光弱时,R_{D2} 大,R_2 上的电压小。电阻 R_4、电阻 R_3 构成了另一个分压电路,加在 R_3 上的电压大小为 $VCC \cdot R_3/(R_3 + R_4)$。集成运放 OP07 现在作为一个比较器使用,$R_2$ 上的电压送入比较器的反向输入端2,R_3 上的电压送入比较器的正向输入端3。无篮球投入时,D1 发出的光被 D2 接收,R_{D2} 小,R_2 上的电压大,输出为低电平;有篮球投入时,D1 发出的光被阻断,不能被 D2 接收,R_{D2} 大,R_2 上的电压小,输出变为高电平。这样,每次投入篮球后,在比较器的输出端 6 都会产生一个正脉冲,其波形如图 2.5.4 所示。

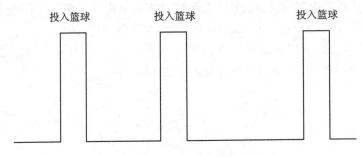

图 2.5.4 比较器的输出波形

比较器的输出端 6 输出的脉冲信号送入单片机的时钟信号控制端,单片机对脉冲信号计数后送入数码管显示。使用时,对 2 分球数码管能自动计数,对 1 分球和 3 分球可通过设置加 1 和减 1 按钮控制单片机对数码管计数结果进行修正。

单片机电路原理如图 2.5.5 所示,通过 P2 口和 P1 口控制数码管显示,将显示

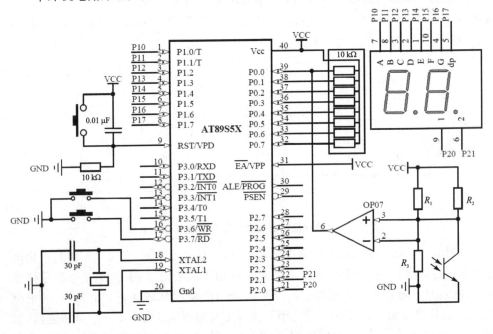

图 2.5.5 单片机电路原理图

函数写入中断中使显示稳定,然后通过光敏电阻判断篮球投入,通过运放转化为数字信号,数字信号通过 P00 采集,当 P00 有响应时,单片机进入键盘扫描等待判断结果(+1 分或者+3 分),等待 3 s 如果没有输入显示+2 分。

设计分析了 OP07 等器件的基本工作原理,设计了红外发射电路、红外接收电路、比较电路,实际制作时为显示清楚,用 LED 灯和光电半导体管代替红外发射管与红外接收管。设计的单片机计数和显示电路,设置了加 1 和减 1 按钮,解决了 1 分球和 3 分球的计数难题。

2.6 LED 风筝

风筝为中国古代劳动人民发明于东周春秋时期,后来鲁班用竹子改进了墨翟的风筝材质,直至东汉期间蔡伦改进造纸术后,坊间才开始以纸做风筝,从而演进成为今日的风筝。风筝是在竹篾等的骨架上糊纸或绢,拉着系在上面的长线,趁着风势使风筝飞上天空。

直流电机是指能将直流电能转换成机械能(直流电动机)或将机械能转换成直流电能(直流发电机)的旋转电机。它是能实现直流电能和机械能互相转换的电机。当它作为电动机运行时是直流电动机,将电能转换为机械能;作为发电机运行时是直流发电机,将机械能转换为电能。

一台直流电机原则上既可以作为电动机运行,也可以作为发电机运行,这种原理在电机理论中称为可逆原理。当原电机驱动电枢绕组在主磁极 N、S 之间旋转时,电枢绕组上感生出电动势,经电刷、换向器装置整流为直流后,引向外部负载或电网,对外供电,此时电机作为直流发电机运行。如用外部直流电源,经电刷换向器装置将直流电流引向电枢绕组,则此电流与主磁极 N、S 产生的磁场互相作用,产生转矩,驱动转子及所连接的机械负载工作,此时电机作为直流电动机运行。

放飞风筝通常在野外进行,当黎明或傍晚时,由于视觉问题可能使放飞风筝无法进行,LED 风筝,可用于黎明或傍晚放飞风筝,增加了放飞时间,提高了放飞情趣。下面介绍 LED 风筝设计的具体思路。

图 2.6.1 所示为 LED 风筝结构示意图。LED 风筝包括风筝(1)、扇叶(2)、直流电机(3)、开关(4)、LED 灯(5)。

LED 灯有 N 个($3 \leqslant N \leqslant 100$),直流电机、开关和 N 个 LED 灯都固定于风筝的骨架上,扇叶固定于直流电机的转轴上,风筝由竹片制作骨架,骨架上糊绢布。直流电机作为发电机使用,将风能转换为电能。

图 2.6.2 所示为 LED 风筝的电路图。N 个 LED 灯的负极连接在一起用导线连接到直流电机的负极,正极连接在一起串接一个电阻后用导线连接到开关的一端,开关的另一端用导线和直流电机的正极相连接。

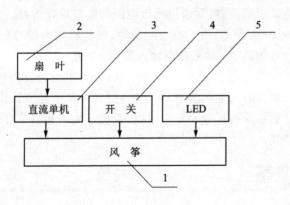

图 2.6.1　LED 风筝结构示意图

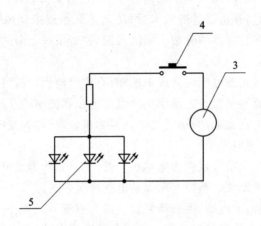

图 2.6.2　LED 风筝电路图

　　LED 风筝可用于黎明或傍晚放飞,不仅增加了放飞时间,而且提高了放飞情趣。如果需要放飞风筝时 LED 灯点亮,则在放飞风筝前打开开关即可,在放飞风筝时,通过风吹扇叶,直流电机输出直流电,点亮 LED 灯。

2.7　手速测量装置

　　手速测量装置,可用于测量人手反应速度的快慢。它可用于少儿玩具,增加手的灵活性,加快大脑的反应能力,也可用于手功能障碍的患者恢复手部功能的训练。

　　下面介绍手速测量装置设计思路。

　　图 2.7.1 所示为手速测量装置结构示意图。手速测量装置包括电源端子(1)、单片机最小系统(2)、矩阵键盘(3)、LED 点阵(4)、三极管(5)、二位一体数码管(6)、移位寄存器(7)。以上器件全部焊接在一块电路板上,由电源端子提供电能。

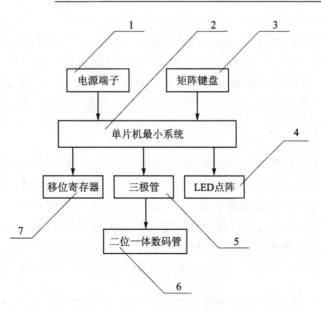

图 2.7.1　手速测量装置结构示意图

　　图 2.7.2 所示为手速测量装置控制系统电路图。单片机最小系统包括单片机、P0 口上拉电阻、时钟电路和复位电路,其中的单片机有 40 个引脚。二位一体数码管

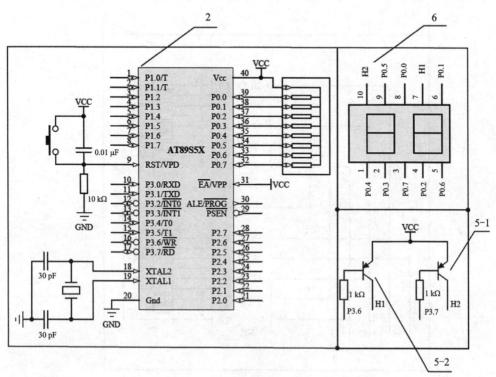

图 2.7.2　手速测量装置控制系统电路图

是 2 位共阳数码管,共有 10 个引脚,其中的引脚 1、2、3、4、5、6、8、9 分别连接单片机最小系统中单片机的引脚 35、36、32、37、33、38、39、34。三极管有 2 个 PNP 型晶体三极管,即三极管(5-1)和三极管(5-2),它们均有发射极、基极、集电极 3 个引脚。这两个三极管的发射极相连接入电源端子的正极;三极管(5-1)的基极串联 1 kΩ 的电阻后连接单片机最小系统中单片机的引脚 17,集电极与二位一体数码管的引脚 10 相连接;三极管(5-2)的基极串联 1 kΩ 的电阻后连接单片机最小系统中单片机的引脚 16,集电极与二位一体数码管的引脚 7 相连接。

　　图 2.7.3 所示为手速测量装置移位寄存器电路图。所述电源端子输出 5 V 直流电,其正极接单片机最小系统中单片机的引脚 40,负极接单片机最小系统中单片机的引脚 20。移位寄存器由两个 74HC595 芯片组成,即移位寄存器(7-1)和移位寄存器(7-2),且各 16 个引脚。两个移位寄存器的引脚 8 相连接入电源端子的负极,引脚 16 相连接入电源端子的正极;移位寄存器(7-2)的引脚 14 接入单片机最小系统中单片机的引脚 10,引脚 9 接入移位寄存器(7-1)的引脚 14;两个移位寄存器的

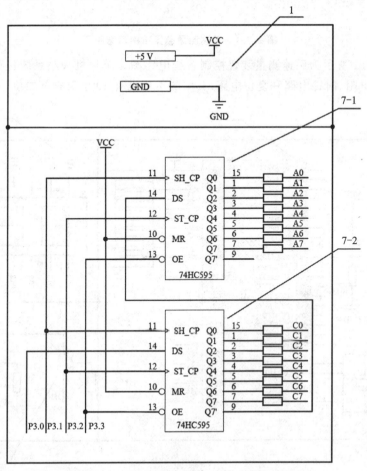

图 2.7.3　手速测量装置移位寄存器电路图

引脚 11 相连接入单片机最小系统中单片机的引脚 11,引脚 12 相连接入单片机最小系统中单片机的引脚 12,引脚 13 相连接入单片机最小系统中单片机的引脚 13,引脚 10 相连接入电源端子的正极。

　　图 2.7.4 所示为手速测量装置的矩阵键盘(3)电路图。矩阵键盘(3)有 64 个按键,每一个按键都有左右两个引脚,64 个按键按 8 行 8 列排列焊接在电路板上,每行按键的左端都用导线连接在一起再分别接入单片机最小系统中单片机的引脚 21～28,每列按键的右端都用导线连接在一起再分别接入单片机最小系统中单片机的引脚 1～8。

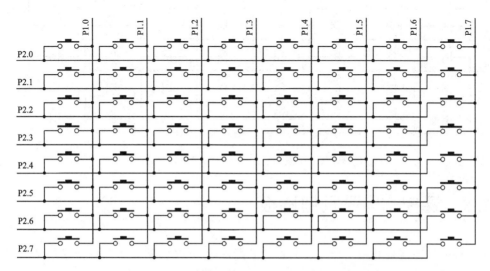

图 2.7.4　手速测量装置的矩阵键盘(3)电路图

　　图 2.7.5 所示为手速测量装置 LED 点阵(4)电路图。LED 点阵(4)有 64 个 LED 灯,按 8 行 8 列排列焊接在电路板上,每个 LED 灯都有正负两个引脚,分布在矩阵键盘相应按键的下方;其中每一行 LED 灯的正极都用导线连接在一起再分别接入移位寄存器(7-1)的引脚 15 和 1～7,每一列 LED 灯的负极都用导线连接在一起再串接一个 1 kΩ 的电阻后分别接入移位寄存器(7-2)的引脚 15 和 1～7。

　　接通电源后,单片机最小系统通过移位寄存器控制 LED 点阵的 64 个 LED 灯中的一个随机点亮,使用者用手按下矩阵键盘中点亮的那个 LED 灯上方的键盘,单片机最小系统扫描到矩阵键盘的某一个键被按下后,其下方的 LED 灯熄灭,单片机最小系统通过移位寄存器控制 LED 点阵 64 个 LED 灯中的某一个又被随机点亮,上述过程重复 100 次,单片机最小系统累加出 100 次的 LED 灯点亮和按键按下的时间差的和送入二位一体数码管进行显示,所显示的时间即是手速测量结果。

　　手速测量装置能对人体的手反应速度快慢作出指示,用于手速测量。它可用于少儿玩具,增加手的灵活性,加快大脑的反应能力,也可用于手功能障碍的患者恢复手部功能的训练。

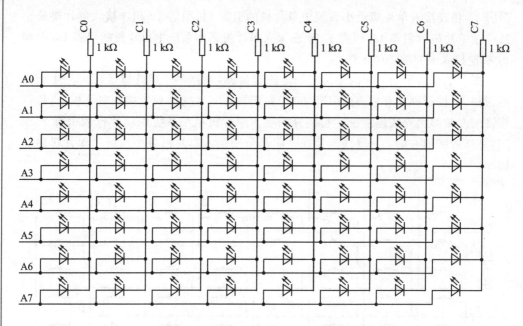

图 2.7.5　手速测量装置 LED 点阵(4)电路图

2.8　遥控式电子几何画板

红外遥控器是利用一个红外发光二极管,以红外光为载体将按键信息传递给接收端的设备。红外光对于人眼是不可见的,因此使用红外遥控器不会影响人的视觉。红外遥控器一般使用的是 38 kHz 频率,由红外接收及发射电路、信号调理电路、控制器及数据存储器、键盘及状态指示电路组成。

红外接收比较常用的是 1838 一体化红外接收头,红外接收电路被厂家集成在一个元件中,内部电路包括红外监测二极管、放大器、限幅器、带通滤波器、积分电路、比较器等。红外监测二极管监测到红外信号后,把信号送到放大器和限幅器,限幅器把脉冲幅度控制在一定的水平,而不论红外发射器和接收器距离的远近。交流信号进入带通滤波器,带通滤波器可以通过 30～60 kHz 的负载波,通过解调电路和积分电路进入比较器,比较器输出高低电平,还原出发射端的信号波形。1838 一体化红外接收头有 3 个引脚,包括供电脚、接地和信号输出脚。

遥控式电子几何画板,通过遥控方式产生多种几何图形,便于对幼儿的教学。下面介绍遥控式电子几何画板的设计思路。

图 2.8.1 所示为遥控式电子几何画板结构示意图。遥控式电子几何画板包括电源端子(1)、红外遥控器(2)、一体化红外接收头(3)、单片机最小系统(4)、移位寄存器(5)和 LED 点阵(6)。

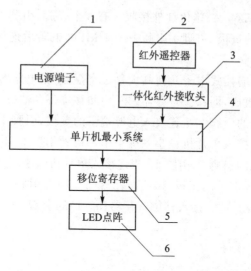

图 2.8.1　遥控式电子几何画板结构示意图

　　LED 点阵通过木板固定在墙上,电源端子、一体化红外接收头、单片机最小系统、移位寄存器焊接在一块电路板上,电路板固定在墙上木板的下方,电源端子提供电能。

　　图 2.8.2 所示为遥控式电子几何画板控制系统电路图。单片机最小系统包括单片机、P0 口上拉电阻、时钟电路和复位电路,其中的单片机有 40 个引脚。电源端子输出 5 V 直流电,其正极接单片机最小系统中单片机的引脚 40,负极接单片机最小

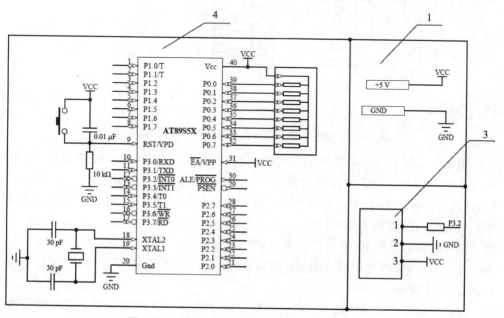

图 2.8.2　遥控式电子几何画板控制系统电路图

系统中单片机的引脚 20。一体化红外接收头有 3 个引脚,引脚 3 连接电源端子的正极,引脚 2 电源端子的负极,引脚 1 串联一个 1 kΩ 的电阻后连接单片机最小系统中单片机的引脚 12。

　　图 2.8.3 所示为遥控式电子几何画板移位寄存器(5)电路图。移位寄存器(5)由两个 74HC595 芯片组成,即移位寄存器(5-1)和移位寄存器(5-2),且都有 16 个引脚。两个移位寄存器的引脚 8 相连接入电源端子的负极,引脚 16 相连接入电源端子的正极,引脚 11 相连接入单片机最小系统中单片机的引脚 2,引脚 12 相连接入单片机最小系统中单片机的引脚 3,引脚 13 相连接入单片机最小系统中单片机的引脚 4,引脚 10 相连接入电源端子的正极;移位寄存器(5-2)的引脚 14 接入单片机最小系统中单片机的引脚 1,引脚 9 接入移位寄存器(5-1)的引脚 14。

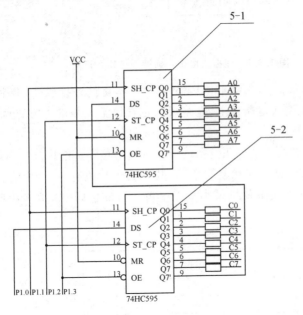

图 2.8.3　遥控式电子几何画板移位寄存器(5)电路图

　　图 2.8.4 所示为遥控式电子几何画板 LED 点阵(6)电路图。LED 点阵(6)有 64 个 LED 灯,按 8 行 8 列排列安装在一块木板上,每一个 LED 灯有正、负两个引脚,因此安装每个 LED 灯时都需要在木板上钻 2 个孔,将其正、负两个引脚穿过这两个孔后进行连线;8 行 LED 灯的每一行的正极都用导线连接在一起再分别接入移位寄存器(5-1)的引脚 15 和 1~7,8 列 LED 灯的每一列的负极都用导线连接在一起再串接一个 1 kΩ 的电阻后分别接入移位寄存器(5-2)的引脚 15 和 1~7。红外遥控器有 21 个按键。

　　在单片机最小系统中的单片机内部预先储存 21 种图形数据。按下红外遥控器的不同按键,一体化红外接收头接收到的信号也不同,单片机最小系统检测到信号后,通过移位寄存器控制 LED 点阵产生不同的几何图形。LED 点阵用木板固定安装在幼儿教室的墙壁上,通过遥控方式可产生 21 种几何图形,便于对幼儿的教学,增加幼儿的学习兴趣。

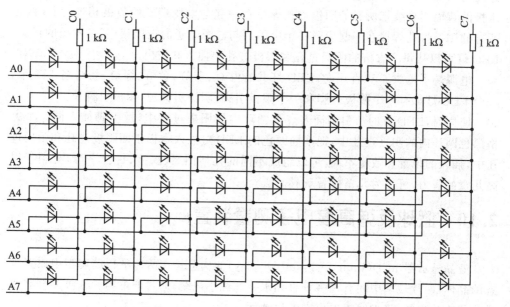

图 2.8.4　遥控式电子几何画板 LED 点阵(6)电路图

2.9　LED 拼盘

LED 拼盘,可作为儿童益智玩具。下面介绍 LED 拼盘的设计思路。

图 2.9.1 所示为 LED 拼盘结构示意图。LED 拼盘由木板(1)、阴极过孔(2)、LED 灯(3)、阳极过孔(4)、电源端子(5)组成。

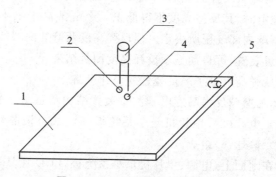

图 2.9.1　LED 拼盘结构示意图

阴极过孔、阳极过孔为空心金属柱,高度等于木板的厚度,内径等于 LED 灯引脚的直径;电源端子安装在木板背面的右上角;木板的正面划分成 16 行 16 列共 256 个方格,在每个方格内安装一个阴极过孔和一个阳极过孔,在木板的正面以每一个阳极过孔为中心印刷一个红色的圆环,以每一个阴极过孔为中心印刷一个黑色的圆环,在木板的背面用导线把所有的阴极过孔焊接在一起与电源端子的负极相连,用导线把所有的阳极过孔焊接在一起串联一个电阻后与电源端子的正极相连,在木板的正面,LED 灯可以从每个方格的阴极过孔和阳极过孔中插入和拔出。

电源端子提供 5 V 直流电;LED 灯共有红灯、蓝灯、黄灯、绿灯、粉灯各 256 个,每个 LED 灯都有一个阴极引脚和一个阳极引脚,阴极引脚短,阳极引脚长。

使用时,LED 灯的长引脚插入红色圆环内的阳极过孔中,短引脚插入同一个方格黑色圆环内的阴极过孔中,把不同颜色的 LED 灯插入木板正面阴极过孔和阳极过孔中,插入的位置和数量不同,可以组成不同的几何图案、汉字、拼音字母,有利于提高儿童的智力,可作为儿童益智玩具。

2.10　篮球反弹高度电子测量装置

液晶显示器 LCD(Liquid Crystal Display)的构造是在两片平行玻璃当中放置液态的晶体,两片玻璃中间有许多垂直和水平的细小电线,通过通电与否来控制杆状水晶分子改变方向,将光线折射出来产生画面。

反射式光电传感器自带一个光源和一个光接收装置,光源发出的光经过待测物体的反射被光敏元件接收,再经过相关电路的处理得到所需要的信息。可以用来检测地面明暗和颜色的变化,也可以探测有无接近的物体。反射式光电传感器广泛应用于点钞机、限位开关、计数器、电机测速、打印机、复印机、液位开关、金融设备、娱乐设备(自动麻将机)、舞台灯光控制、监控云台控制、运动方向判别、计数和电动绕线机计数、电能表转数计量等。

比赛所使用的篮球其反弹高度有明确规定,当篮球从 1.8 m 的高度(从球底部量起)落到比赛场地上时,其反弹高度不得低于 1.2 m 或高于 1.4 m(从球的顶部量起)。反弹高度由篮球内部气压所决定。但反弹高度及篮球内部气压均不好测量,篮球反弹高度电子测量装置,可自动显示反弹高度测量结果。

下面介绍篮球反弹高度电子测量装置的设计思路。

图 2.10.1 所示为篮球反弹高度电子测量装置结构示意图。篮球反弹高度电子测量装置由立柱(1)、电源(2)、单片机最小系统板(3)、LCD 液晶显示器(4)、反射式光电传感器模块(5)、篮球(6)组成。

立柱垂直安装在地面上,电源、单片机最小系统板、LCD 液晶显示器从下到上分别安装在立柱的前侧,反射式光电传感器模块安装在立柱上端左侧距离地面竖直高度为 30 cm,篮球从球底部量起 1.8 m 的高度自由落下,电源分别为单片机最小系统板、LCD 液晶显示器、反射式光电传感器模块提供电能。反射式光电传感器模块的引线分别是：电源 VCC、地 GND、数字信号 DO,其输出的数字信号 DO 送入单片机最小系统板,单片机最小系统板将处理结果送入 LCD 液晶显示器显示。

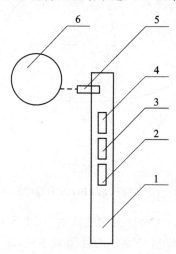

图 2.10.1　篮球反弹高度电子测量装置结构示意图

使用时,可将篮球的质量 m、直径 d 以及篮球上升时的空气阻力 f 及重力加速度 g 预先测量并存入单片机最小系统板中,然后分别记录篮球上升时顶端和底端到达反射式光电传感器模块水平面的时刻 t_1 和 t_2,并由式

$$h = \frac{d^2}{2(t_2-t_1)^2\left(g-\frac{f}{m}\right)} + 30 - \frac{d}{2}$$

计算篮球反弹高度 h,然后将处理结果送入 LCD 液晶显示器显示。

2.11　压控三色 LED 弹力球

压控三色 LED 弹力球,可作为玩具供儿童玩耍。下面介绍压控三色 LED 弹力球的设计思路。

图 2.11.1 为压控三色 LED 弹力球结构示意图。压控三色 LED 弹力球由弹力球(1)、电池(2)、单片机最小系统板(3)、三色 LED 灯(4)、压力传感器模块(5)组成。

弹力球由橡胶制成,内部放入电池、单片机最小系统板、三色 LED 灯和压力传感器模块;电池为单片机最小系统板、三色 LED 灯、压力传感器模块提供电能;单片机最小系统板带有模/数转换器。

压力传感器模块有三根引线,分别是：电源 VCC、地 GND、模拟信号 AO。其电源 VCC、地 GND 分别接电池的正负极,其输出的模拟信号 AO 送入单片机最小系统板。

三色 LED 灯有一个共阴引脚和三个阳极引脚,其共阴引脚接电池的负极,三个阳极引脚分别接单片机最小系统板的输出引脚。

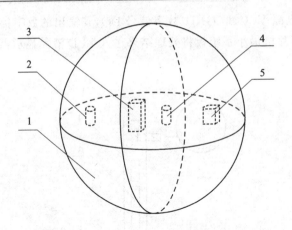

图 2.11.1　压控三色 LED 弹力球结构示意图

当儿童把压控三色 LED 弹力球投向地面时,用力不同,压力传感器模块受到的地面压力不同,其输出的模拟信号 AO 的数值就不同,单片机最小系统板控制三色 LED 灯发出不同颜色的光。压控三色 LED 弹力球可作为玩具供儿童玩耍。当儿童玩耍时,三色 LED 灯可发出不同颜色的光,增加了活动的趣味性。

2.12　电子摇奖机

有机玻璃是以丙烯酸及其酯类聚合所得到的聚合物,统称丙烯酸类树脂,相应的塑料统称聚丙烯酸类塑料,其中以聚甲基丙烯酸甲酯应用最广泛。聚甲基丙烯酸甲酯缩写代号为 PMMA,俗称有机玻璃,是迄今为止合成透明材料中性质最优异的。有机玻璃是目前最优良的高分子透明材料,透光率达到 92%,比玻璃的透光度高。有机玻璃的相对分子质量大约为 200 万,是长链的高分子化合物,而且形成分子的链很柔软,因此,有机玻璃的强度比较高,抗拉伸和抗冲击的能力比普通玻璃高 7～18 倍。有机玻璃的密度小,同样大小的材料,其质量只有普通玻璃的一半,金属铝的 43%。有机玻璃不但能用车床进行切削,钻床进行钻孔,而且能用丙酮、氯仿等粘结成各种形状的器具,也能用吹塑、注射、挤出等塑料成型的方法加工成制品。

在福利彩票发行、商场产品促销等活动中经常需要摇奖。下面介绍电子摇奖机的设计思路。

图 2.12.1 所示为电子摇奖机结构示意图。电子摇奖机由有机玻璃板(1)、单片机最小系统板(2)、中控按钮(3)、LED 灯(4)、固定铜柱(5)组成。

用固定铜柱把单片机最小系统板固定在有机玻璃板的下面,中控按钮放在有机玻璃板的中央并用导线与单片机最小系统板相连接,LED 灯均匀分布在有机玻璃板的上面边沿处。

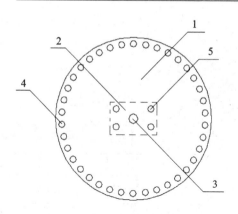

图 2.12.1　电子摇奖机结构示意图

LED 灯共有 38 个。使用时,按下中控按钮,由单片机最小系统板控制 38 个 LED 灯循环点亮;松开中控按钮后,由单片机最小系统板控制 38 个 LED 灯随机地停在某一个 LED 灯上,只将一个 LED 灯点亮,从而进行自动摇奖。

2.13　旋转 LED 礼花灯

当人眼观看物体时,成像于视网膜上,并由视神经输入人脑,感觉到物体的像。但当物体移去时,视神经对物体的印象不会立即消失,而要延续 0.1～0.4 s 的时间,这种现象被称为视觉暂留现象,是人眼具有的一种功能。

下面介绍旋转 LED 礼花灯的设计思路。

图 2.13.1 所示为旋转 LED 礼花灯的结构和电路图。旋转 LED 礼花灯由旋转 LED 礼花灯由直流电源(1)、直流电动机(2)、直流电动机转轴(3)、发射架(4)、爆炸杆(5)、爆炸环(6)、LED 发射灯(7)、LED 爆炸灯(8)、单片机(9)组成。

图 2.13.1(a)所示为旋转 LED 礼花灯结构示意图。直流电动机的上端为直流电动机转轴;直流电动机转轴的上端焊接发射架;发射架的上端焊接爆炸杆;爆炸杆共有 8 根,每两根间张开 45°角并径向分布;以发射架的上端为圆心焊接爆炸环;爆炸环共有 4 个,以发射架的上端为圆心等间距分布;在发射架上安装 LED 发射灯;LED 发射灯共有 8 个,在发射架上等间距分布,当发射架的长度增加时,可适当增加 LED 发射灯的数量;在爆炸杆与爆炸环的交界处安装 LED 爆炸灯;LED 爆炸灯共有 32 个,当爆炸环的数量增加时,可相应的增加 LED 爆炸灯的数量。

图 2.13.1(b)所示为旋转 LED 礼花灯电路控制示意图。用同一直流电源给直流电动机和单片机供电。当接通直流电源后,直流电动机的直流电动机转轴带动发射架、爆炸杆、爆炸环、LED 发射灯、LED 爆炸灯一起旋转,其转速由单片机控制,LED 发射灯和 LED 爆炸灯的点亮速度亦由单片机控制。根据人眼的视觉暂留原理,我们即可看到由 LED 爆炸灯构成的平面变为一个立体的 LED 礼花灯。

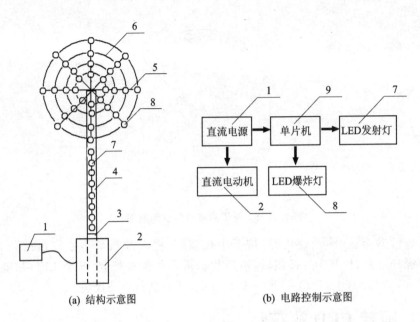

(a) 结构示意图　　　　　　　(b) 电路控制示意图

图 2.13.1　旋转 LED 礼花灯

通过程序,用单片机可以方便地控制 LED 爆炸灯点亮速度和直流电动机的转速。

2.14　电子风铃

风铃是指在风吹动下,通过铃铛或其他物体的碰撞来发出清凉声音的物品,多用来作为饰品。风铃的种类有很多,如日本风铃、八角风铃等。

电磁吸盘是利用电磁原理,即给内部线圈通电产生磁力,经过导磁面板,将接触在表面的工件紧紧吸住,使线圈断电,磁力消失实现退磁,取下工件的原理而生产的一种机床附件产品。

继电器是一种电控制器件,是当输入量(激励量)的变化达到规定要求时,在电气输出电路中使被控量发生预定的阶跃变化的一种电器。它具有控制系统(又称输入回路)和被控制系统(又称输出回路)之间的互动关系。通常应用于自动化的控制电路中,实际上它是用小电流去控制大电流运作的一种“自动开关”,故在电路中起着自动调节、安全保护、转换电路等作用。电磁式继电器一般由铁芯、线圈、衔铁、触点簧片等组成。只要在线圈两端加上一定的电压,线圈中就会流过一定的电流,从而产生电磁效应,衔铁就会在电磁的吸力作用下克服返回弹簧的拉力吸向铁芯,从而带动衔铁的动触点与静触点(常开触点)吸合。当线圈断电后,电磁的吸力也随之消失,衔铁就会因弹簧的反作用力返回原来的位置,使动触点与原来的静触点(常闭触点)吸合。

这样吸合、释放,从而达到了在电路中的导通、断开的目的。对于继电器的常开、常闭触点,可以这样来区分:继电器线圈未通电时处于断开状态的静触点称为常开触点,处于接通状态的静触点称为常闭触点。

下面介绍电子风铃的设计思路。

图 2.14.1 所示为电子风铃的结构和控制电路示意图。电子风铃由风铃(1)、铃铛(2)、电磁吸盘(3)、直流电源(4)、单片机(5)、第一电阻(6)、电磁式继电器(7)、三极管(8)、第二电阻(9)组成。

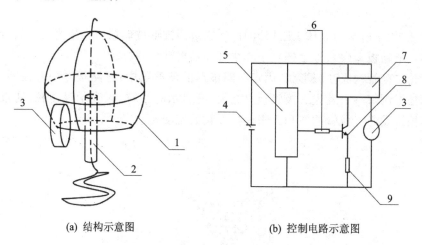

(a) 结构示意图　　　　　　　　(b) 控制电路示意图

图 2.14.1　电子风铃

其中,图 2.14.1(a)所示为电子风铃的结构示意图。风铃的外表面为一球冠,为非金属材料制成;铃铛由两根细线、圆柱形铁块及飘带组成;圆柱形铁块的上端固定于一根细线上,细线的上端从风铃内部固定于风铃的顶端;圆柱形铁块的下端固定另一根细线,细线的下端固定飘带;铃铛可在风铃内自由摆动;电磁吸盘固定在风铃下底面内沿处,其中心和铃铛的圆柱形铁块中心处于同一高度上;直流电源、单片机、第一电阻、电磁式继电器、三极管、第二电阻均固定于风铃的内表面上。

图 2.14.1(b)所示为电子风铃控制电路示意图。直流电源的正极接单片机的电源正脚,负极接单片机的电源负脚;单片机的一个输入/输出脚串联第一电阻后接三极管的基极;电磁式继电器输入回路的一端接直流电源正极,另一端接三极管的集电极;三极管的发射极串联第二电阻后接直流电源负极;电磁式继电器输出回路的一端接直流电源正极,另一端串联电磁吸盘后接入直流电源负极。

使用时,接通电源,单片机产生一随机脉冲信号,这一信号经三极管放大后驱动电磁式继电器和电磁吸盘工作,电磁吸盘随机吸引或释放铃铛的圆柱形铁块,圆柱形铁块撞击风铃发出声音。如果把直流电源改为光电池,电子风铃即可成为阳光风铃。

2.15　立体 LED 沙漏灯

沙漏是古代的计时工具,采用沙子作为原料,有着文化的传承,现代多作为家居装饰。随着电子技术的发展,将沙漏原理与 LED 灯相结合可以产生不同效果的灯饰形态。本设计的立体 LED 沙漏灯,使用 LED 灯模拟沙粒,用控制器控制 LED 的亮和灭,来模拟沙漏中沙的流动,新颖有趣,可作为现代家居装饰,又可作为灯具使用。

图 2.15.1 所示为立体 LED 沙漏灯。它由圆锥形玻璃罩(1)、发光二极管(2)、电源盒(3)、电路板盒(4)、把手(5)、中心线管(6)、按键(7)构成。

发光二极管构成沙漏形状,固定在圆锥形的玻璃罩中;电路板盒中有控制电路,可以单独控制每一个发光二极管独立亮灭,亮表示有沙粒,灭表示没沙粒,通过单片机程序控制发光二极管的亮和灭来模拟沙粒的流动。

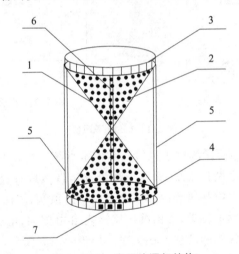

图 2.15.1　电子沙漏灯结构

图 2.15.2 所示为发光二极管的单层排列结构。每层发光二极管共阳连接排列成同心圆,不同层纵向对齐的发光二极管共阴连接,每个发光二极管的亮灭都可以单独控制。

图 2.15.3 所示为层间连线结构。不同层间,同列的二极管阴极连接到一起构成列线,列线和每层的电源线均通过中心线管与单片机控制板相连,层加正电压,列线加负电压时,层和列对应的二极管即可点亮。通过按键设置沙粒的流动速度和流向,控制电路、电源、发光二极管通过导线相连,导线位于中心线管中。

LED 灯的亮灭由层信号和列信号控制,沙粒流动的每一个动作都对应一组控制信号,该控制信号以数组形式存储在单片机存储器中,当选择某种显示效果时,单片机将相应的数据通过串行方式传输到移位寄存器中存储,进而控制 LED 显示。

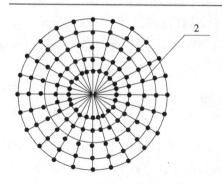

图 2.15.2　LED 单层排列结构

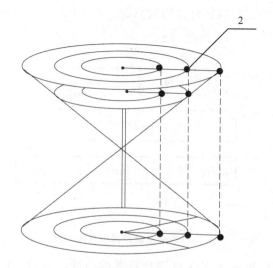

图 2.15.3　层间连线结构

图 2.15.4 所示为立体 LED 沙漏灯的控制电路原理图。控制芯片利用单片机
(4-1)的串行口将控制 LED 亮灭的二进制数据传输到 595 芯片组(4-2)中,595 芯
片使用串联方式连接,其并行输出通过驱动三极管(4-3)构成开关电路,对单个
LED 灯进行控制。595 芯片输出的控制信号分为两种类型,即各层电源控制信号和

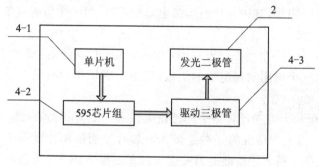

图 2.15.4　立体 LED 沙漏灯电路原理图

列控制信号(见图 2.15.3),这样使得控制信号线大量减少。与发光二极管相连接的信号线通过中心线管与控制电路相连接,控制发光二极管实现不同显示效果的二进制数据预先存储在单片机中。

2.16　可逆计算器

可逆键没有按下时,可逆计算器具有计算器的功能,当按下可逆键时,可逆计算器可以自动出题、判题,辅助少儿进行数学学习。下面介绍可逆计算器的设计思路。

图 2.16.1 所示为可逆计算器的结构框图。可逆计算器由单片机最小系统(1)、电源(2)、矩阵键盘(3)、蜂鸣器(4)、LED 灯(5)、LCD 显示器(6)组成。

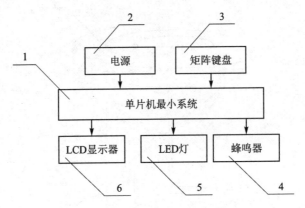

图 2.16.1　可逆计算器的结构框图

单片机最小系统、电源安装于可逆计算器的内部,矩阵键盘、蜂鸣器、LED 灯、LCD 显示器从可逆计算器的上表面嵌入。

图 2.16.2 所示为可逆计算器单片机电路图。单片机最小系统包括单片机、P0口上拉电阻、时钟电路和复位电路。其中的单片机有 40 个引脚。

电源输出 5 V 直流电,其正极接单片机最小系统中单片机的引脚 40,负极接单片机最小系统中单片机的引脚 20。

蜂鸣器有 2 个引脚,其中一个引脚接电源的负极,另一个引脚接单片机最小系统中单片机的引脚 26。

LED 灯有 2 个:一个点亮时发红光,另一个点亮时发蓝光。2 个 LED 灯的负极连接在一起串联一个电阻后接电源的负极,正极分别接单片机最小系统中单片机的引脚 27、28。

图 2.16.3 所示为可逆计算器矩阵键盘电路图。矩阵键盘有 25 个按键,按 5 行5 列排列,在每一行上把按键的一端连接在一起后分别接单片机最小系统中单片机的引脚 1~5,在每一列上把按键的另一端连接在一起串联一个电阻后分别接单片机最小系统中单片机的引脚 21~25。

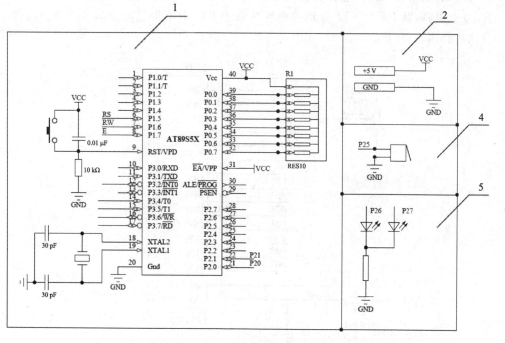

图 2.16.2 可逆计算器单片机电路图

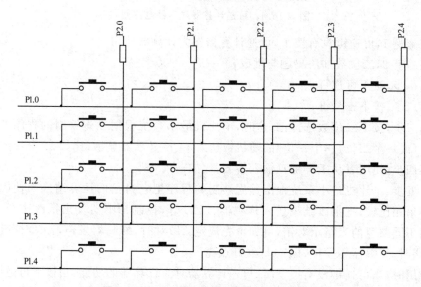

图 2.16.3 可逆计算器矩阵键盘(3)电路图

矩阵键盘的 25 个按键分别是：可逆键、0、1、2、3、4、5、6、7、8、9、＋、－、×、÷、＝、清除键、一位数选择键、二位数选择键、三位数选择键、小数点键、乘方键、开方键、百分比键、退格键。

图 2.16.4 所示为可逆计算器显示器电路图。LCD 显示器型号为 LCD1602,共有 16 个引脚,其引脚 4~14 分别接单片机最小系统中单片机的引脚 6、7、8、39、38、37、36、35、34、33、32。

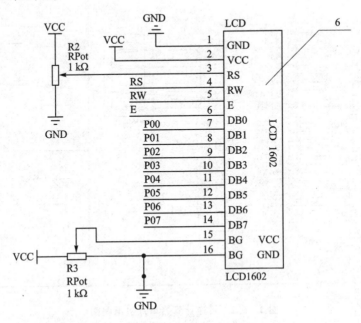

图 2.16.4　可逆计算器显示器电路图

实施例 1,可逆键没有按下,可逆计算器作为计算器使用。

实施例 2,二位数加法出题与批改:

第一步,按下可逆键;

第二步,按下＋号键;

第三步,按下二位数选择键,这时,单片机最小系统根据预先编制的程序产生两个二位(或一个二位、一个一位)的随机数送入 LCD 显示器显示,比如 12＋36＝;

第四步,使用者从矩阵键盘输入答案,比如输入 48;

第五步,单片机最小系统根据预先编制的程序把它自己的运算结果与使用者输入的结果相比较,把批改结果送入蜂鸣器、LED 灯,控制蜂鸣器发出批改声音,LED灯发出不同颜色的光指示对错,例如事先规定:做对时,蜂鸣器发声,LED 灯蓝灯点亮;做错时,蜂鸣器不发声,LED 灯红灯点亮。

使用时,当可逆键没有按下时,可逆计算器具有计算器的功能;当按下可逆键时,可逆计算器可以自动出题、判题,辅助少儿进行数学学习。

第3章

农业设施

3.1　大棚卷帘机防越位与走偏系统

近年来,我国的设施农业建设飞速发展,设施农业面积占世界设施农业总面积的80％以上。设施农业主要指温室大棚的利用,温室大棚使用的主要机械装备是大棚卷帘机。大棚卷帘机是用于自动卷放温室大棚棉的农业机械设备,它的出现极大地推动了设施农业的机械化发展。

现在的大棚卷帘机主要通过手动或遥控器控制,卷帘机遥控器控制的主要缺点是控制距离近。为了克服这个弊端,又出现了定时器或手机短信控制。定时器或手机短信控制能够解决遥控距离近的问题,但通过这些方式控制的卷帘机在卷放帘时人通常不在现场,所以可能出现卷帘越位、走偏等问题。当出现卷帘越位时,卷帘因越过安全位置可能会从另外一侧滚落,此情况一旦发生,农户就要支付几千元费用重新安装卷帘,这就增加了农户不必要的开销。同时,卷帘的滚落也可能会对大棚附近的行人或相邻住户造成人身伤害。当出现卷帘走偏时,会出现一侧卡死的情况,这很容易烧毁卷帘里的电机或撞毁相邻的建筑物,同样增加了农户不必要的开销。

本设计介绍了一种结构简单、性能可靠的大棚卷帘机防越位与走偏系统,可以避免卷帘越位与走偏情况的发生。

通过单片机、定时器可以方便地设计定时系统,而卷帘机可以通过定时系统的控制自动完成卷帘的卷放工作。本设计通过压力传感器、霍尔传感器设计了大棚卷帘机防越位与走偏系统,其结构如图3.1.1所示。

大棚卷帘机防越位与走偏系统包括:大棚后墙(1)、大棚侧墙(2)、压力传感器(3)、保温帘(4)、钢管(5)、卷帘机(6)、圆柱形永磁铁(7)、霍尔传感器(8)、单片机(9)、继电器(10)、定时器(11)。

大棚侧墙有两面,分别位于大棚后墙前面的两侧,其上表面呈弧形;钢管水平放置,其两端放置在两面大棚侧墙的上表面上,其长度等于两面大棚侧墙上表面中心的距离;卷帘机安装在钢管的中点;保温帘的个数视大棚的规模而定,其上端固定在大棚后墙的上面,下端固定在钢管上;压力传感器安装在右侧大棚侧墙上表面中心线的内侧,安装高度等于大棚后墙高度的4/5;圆柱形永磁铁固定在钢管的右端;霍尔传感器安装在右侧大棚侧墙上表面中心线的外侧,安装高度等于大棚后墙高度的 2/5;单片机、继电器、定时器安装在大棚后墙上。

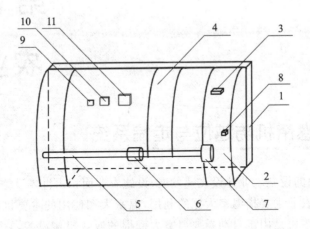

图 3.1.1　大棚卷帘机防越位与走偏系统结构示意图

　　大棚卷帘机防越位与走偏系统信号处理方框图如图 3.1.2 所示,定时器发出的时间电压信号送入单片机,压力传感器及霍尔传感器输出的压力电压信号也送入单片机,单片机输出的控制信号送入继电器,控制卷帘机工作。

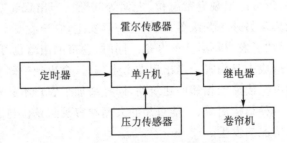

图 3.1.2　大棚卷帘机防越位与走偏系统信号处理方框图

　　图 3.1.3 所示为大棚卷帘机防越位与走偏系统控制电路图,由时钟电路、压力传感器电路、霍尔传感器电路、单片机最小体系电路、LCD12864 液晶显示电路和指示灯电路构成。通过压力传感器检测卷帘是否发生越位,当卷帘位置超过安全位置时,压力传感器发出信号通过单片机处理后控制继电器使卷帘机停止工作,从而阻止卷帘继续移动而发生越位的情况。通过霍尔传感器加磁铁来检测卷帘在移动过程中是否发生走偏,当出现走偏情况时,霍尔传感器发出信号通过单片机处理后控制继电器使卷帘机停止工作,从而避免卷帘卡死而使卷帘机烧毁。本设计可以与 GPS 定位系统相结合,拓展压力传感器、霍尔传感器的应用范围。

　　本系统通过压力传感器检测卷帘是否发生越位,通过霍尔传感器加磁铁检测卷帘在移动过程中是否发生走偏,当卷帘越位或走偏时,传感器发出信号通过单片机处理后控制继电器使卷帘机停止工作,可有效防止卷帘滚落、电机烧毁、人员受伤等事件的发生。

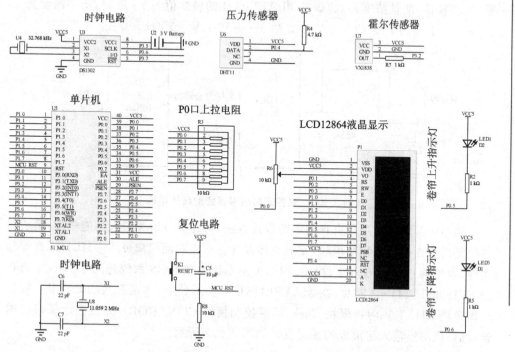

图 3.1.3　大棚卷帘机防越位与走偏系统控制电路图

3.2　基于 FPGA 的温控定时喷灌系统

FPGA 是新型的可编程逻辑器件,能够将大量的逻辑功能集成于单个器件中,它所提供的门数从几百门到上百万门,符合系统芯片 SOC(System On Chip)的发展要求,具有高度集成、低功耗、硬件可升级等优点,可以满足不同的需要。

随着电子技术和传感技术的不断发展,可编程逻辑器件在现代数字系统和微电子技术应用中起着越来越重要的作用,本设计主要研究利用 FPGA 器件和 MAX-PLUSⅡ工具软件设计温控定时喷灌系统,其中还涉及模/数转换器 ADC0804、温度传感器 AD590 的应用。

温控定时喷灌系统的硬件结构如图 3.2.1 所示,由数字温度表和 FPGA 两部分组成。数字温度表的测量范围为 0～100 ℃。AD590 温度传感器的感测能力是,温度每升高 1 K 就增加 1 μA 的电流量,该电流流入 10 kΩ 的电阻后,将会产生 1 μA×10 kΩ=10 mV 的电压。而 0 ℃(等于 273 K)时,输出电流 273 μA,流入 10 kΩ 的电阻后,产生 273 μA×10 kΩ = 2.73 V 的电压。如果测到电压为 XX V,则可由公式 (XX V−2.73 V)÷10 mV 得到要测的温度。温度传感器 AD590 串接 10 kΩ 的电阻,经一个运算放大器,将电压引入 ADC0804 的引脚 Vin(+)。ADC0804 是 8 位模/数转换器,测量精度为 0.02 V,当 ADC0804 的转换值为 YYH 时,所测温度为

$$T = (YYH \times 0.02\ V - 2.73\ V) \div 10\ mV = YYH \times 2 - 273\ ℃$$

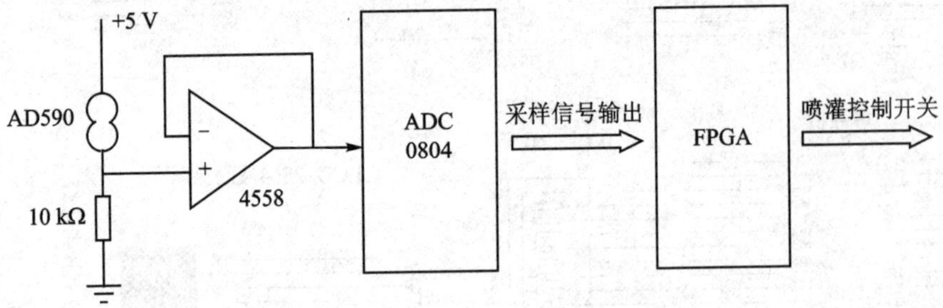

图 3.2.1 温控定时喷灌系统的硬件结构

FPGA 器件设计采用自顶向下的设计方法,将任务分解为三大功能模块,最后将各功能模块连接形成顶层模块,完成整体设计。三大功能模块可用 VHDL 语言编程实现,也可通过图形输入法设计。FPGA 是系统的核心,本系统选用了 Altera 公司的 EP1K30TC144-3 芯片,在 MAXPLUS II 开发平台上,实现三大功能模块:数据处理模块 TDATA、时钟模块 clock、喷灌控制模块 CONTROL。完成三个子模块的设计后,用图形输入法形成的顶层设计如图 3.2.2 所示。

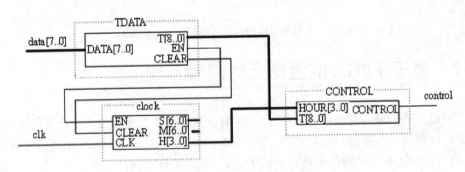

图 3.2.2 温控定时喷灌系统的顶层设计

由图形输入法形成的时钟模块 clock 如图 3.2.3 所示,其中包括两个模 60 计数器 cntm60、一个模 12 计数器 cntm12,它们输出的信号分别对应时、分、秒的各位。时钟模块亦可用 VHDL 语言编写,该程序比较常见,这里省略。

数据处理模块 TDATA 完成温度数据的处理,实现 $T = (YYH \times 0.02\ V - 2.73\ V) \div 10\ mV = YYH \times 2 - 273\ ℃$ 的运算,将接收到的转换值调整成对应的数字信号,在读取到 ADC0804 的转换数据后,先将转换数据左移 1 位(相当于数值乘 2),然后减去 100010001(273 的二进制表示)。当温度值大于某一数值时(如 25 ℃),数

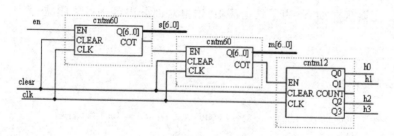

图 3.2.3　由图形输入法形成的时钟模块

据处理模块 TDATA 输出的使能信号和清零信号为 1,它们作为时钟模块的输入端,控制时钟是否开始计时。主要程序如下(为了结构清晰,这里对部分内容进行了删减):

```
library ieee;
use ieee. std_logic_1164. all;
use ieee. std_logic_arith. all;
use ieee. std_logic_unsigned. all;
entity tdata  is
port (data;in std_logic_vector (7 downto 0);
     t;out std_logic_vector (8 downto 0);
     en;out std_logic;
     clear;out std_logic);
end tdata;
architecture aa of tdata is
signal datain : std_logic_vector (8 downto 0);
signal tin : std_logic_vector (8 downto 0);
begin
process(data)
begin
datain<= data&'0';
tin<= datain - "100010001";
if(tin >= "000011001") then
en<= '1';
clear<= '1';
else en<= '0';
clear<= '0';
end if;
end process;
t<= tin;
```

该模块的输入信号来自数据处理模块和时钟模块的输出,当温度值大于或等于某一数值时(如 25 ℃),喷灌控制模块的输出信号控制喷灌开关自动打开一定时间

电子创新设计

（如 2 h）。主要程序如下（为了结构清晰，这里对部分内容进行了删减）：

......

```
begin
process(hour,t)
begin
if(t >= "000011001" and hour >= "0000" and hour <= "0010") then
control<= '1';
else control<= '0';
end if;
end process;
```

本系统所设计的 VHDL 语言程序已在 MAXPLUS Ⅱ 工具软件上进行了编译、仿真和调试，通过编程器下载到 EP1K30TC144 - 3 芯片中进行实际测试，获得了满足设计要求的结果。

数据处理模块的功能仿真结果如图 3.2.4 所示。当转换数据为 95H 时，计算所测温度为 95H×2-273＝25(℃)，仿真结果正确。

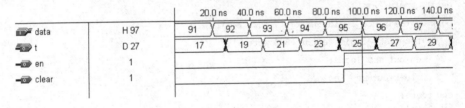

图 3.2.4　数据处理模块仿真结果

喷灌控制模块的功能仿真结果如图 3.2.5 所示。可以看到，当温度高于或等于 25 ℃时，喷灌控制模块的输出信号控制喷灌开关自动打开 2 h。

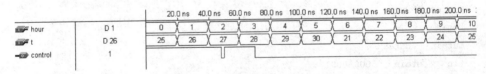

图 3.2.5　喷灌控制模块仿真结果

通过以上对温控定时喷灌系统的设计可以看到，应用 FPGA 器件和 EDA 技术，不仅缩短了系统的设计周期，而且减小了系统体积，提高了系统的可靠性，并具有设计周期短、设计费用和风险低、功能灵活的特点。本系统给出的设计思想也适用于其他基于 PLD 器件的系统设计。

本系统设计了基于 VHDL 语言的温控定时喷灌系统的几个模块：数据处理模块 TDATA、时钟模块 clock、喷灌控制模块 CONTROL。每个模块都通过了功能仿真和时序仿真，生成了可综合的网表文件，并下载到 EP1K30TC144 - 3 芯片中。仿真和测试的结果表明，每个模块都完成了其逻辑功能。

3.3 自动晾晒场

卷扬机是由人力或机械动力驱动卷筒卷绕绳索来完成牵引工作的装置。可以垂直提升重物、水平或倾斜拖引重物。卷扬机分为手动卷扬机和电动卷扬机两种,现在以电动卷扬机为主。电动卷扬机由电动机、联轴节、制动器、齿轮箱和卷筒组成,共同安装在机架上。卷扬机包括建筑卷扬机、同轴卷扬机,主要产品有:JM 电控慢速大吨位卷扬机、JM 电控慢速卷扬机、JK 电控高速卷扬机、JKL 手控快速溜放卷扬机、2JKL 手控双快溜放卷扬机、电控手控两用卷扬机、JT 调速卷扬机、KDJ 微型卷扬机等。本设计使用的同轴卷扬机又称为微型卷扬机,电机与钢丝绳在同一传动轴上,轻便小巧,节省空间。

帆布是一种较粗厚的棉织物或麻织物,因最初用于船帆而得名,一般多采用平纹组织,少量的用斜纹组织,经纬纱均用多股线。帆布通常分粗帆布和细帆布两大类。粗帆布又称为篷盖布,常用 58 号 4~7 股线织制,织物坚牢耐折,具有良好的防水性能,常用于汽车运输和露天仓库的遮盖以及野外搭帐篷。

555 定时器内由 3 个阻值为 5 kΩ 的电阻组成的分压器、两个电压比较器、基本 RS 触发器、放电三极管和缓冲反相器组成,有 8 个引脚。其中,引脚 1 为接地端;引脚 2 为低电平触发端,由此输入低电平触发脉冲;引脚 6 为高电平触发端,由此输入高电平触发脉冲;引脚 4 为复位端,输入负脉冲(或使其电压低于 0.7 V)可使 555 定时器直接复位;引脚 5 为电压控制端,在此端外加电压可以改变比较器的参考电压,不用时,经 0.01 μF 的电容接地,以防止引入干扰;引脚 7 为放电端,555 定时器输出低电平时,放电晶体管 TD 导通,外接电容元件通过 TD 放电;引脚 3 为输出端,输出高电压约低于电源电压 1~3 V,输出电流可达 200 mA,因此可直接驱动继电器、发光二极管、指示灯等;引脚 8 为电源端,可在 5~18 V 范围内使用。555 定时器外接两个电阻和一个电容可接成多谐振荡器,引脚 3 输出矩形波,引脚 4 为复位端可对输出信号的有无进行控制。

RC 滤波电路属于模拟滤波器,电阻 R 在电路中起限流作用,电容 C 的作用是平滑滤波;RC 的乘积为滤波时间常数也称为积分时间常数。RC 时间常数决定电路的幅频特性及相频特性。

电压比较器可以看作是放大倍数接近"无穷大"的运算放大器。它比较两个电压的大小,当"+"输入端电压高于"-"输入端时,电压比较器输出为高电平;当"+"输入端电压低于"-"输入端时,电压比较器输出为低电平。由于比较器的输出只有低电平和高电平两种状态,所以其中的集成运放常工作在非线性区。常见的有 LM324、LM358、uA741、TL081\2\3\4、OP07、OP27,这些都可以做成电压比较器。晾晒场通常需要人来控制和管理,实际使用须耗费大量的人力,本设计的目的在于晾晒场的自动管理。

下面是本设计的思路。

图 3.3.1 所示为自动晾晒场的结构示意图。自动晾晒场分为两部分,即屋顶部分和地面部分。自动晾晒场屋顶部分由支架(1)、横梁(2)、屋顶卷扬机(3)、卷筒(4)、遮雨帆布(5)、斜钢索(6)、控制器(7)组成;自动晾晒场地面部分由金属条(8)、滑动轮(9)、滑轨(10)、横架杆(11)、左侧杆(12)、右侧杆(13)、水平卷扬机(14)、定滑轮(15)、水平钢索(16)、晾晒帆布(17)、左侧杆固定桩(18)组成。

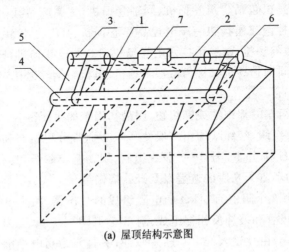

(a) 屋顶结构示意图

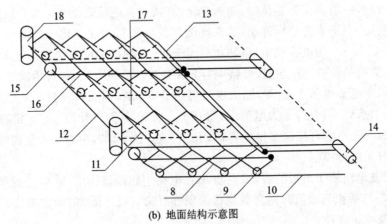

(b) 地面结构示意图

图 3.3.1 自动晾晒场结构示意图

其中,图 3.3.1(a)所示为自动晾晒场屋顶结构示意图。多个支架相互平行且垂直于地面,多个横梁相互平行并垂直于支架的平面且固定于支架的上面,两台屋顶卷扬机固定在最高横梁上,卷筒的位置与横梁平行且可自由滚动,遮雨帆布的上侧固定在横梁上,遮雨帆布的下侧固定在卷筒上,钢索的一端固定在屋顶卷扬机上,然后从遮雨帆布的下面穿过,经卷筒后绕回并缠绕在屋顶卷扬机上,控制器放在屋顶横梁上。

图3.3.1(b)所示为自动晾晒场地面结构示意图。金属条做成的菱形架的下端安装滑动轮,其可在滑轨上滑动,上端固定横架杆,左侧固定左侧杆,右侧固定右侧杆;两台水平卷扬机固定在滑轨的右端,两个定滑轮固定在左侧杆上;晾晒帆布固定在横架杆、左侧杆、右侧杆上;水平钢索的一端固定于右侧杆上,经横架杆的下面绕过定滑轮,从晾晒帆布的上面绕过水平卷扬机后再与右侧杆相连接;左侧杆通过左侧杆固定桩固定于地面。

图3.3.2所示为控制器(7)的电路图。它由雨传感器(7-1)、555定时器(7-2)、RC滤波电路(7-3)、比较器(7-4)、放大控制电路(7-5)组成。控制器的工作原理是,雨传感器由两块山字形金属板构成,通过引线分别连接电容C1的两端,C1的下端经电阻R1接地,C1和R1间信号送入555定时器的引脚4,555定时器的引脚3输出矩形波经RC滤波电路、比较器后送入放大控制电路,放大后的信号控制继电器的开闭,从而控制屋顶卷扬机工作。

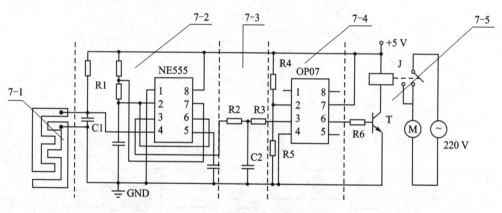

图3.3.2　控制器(7)电路图

无雨时,雨传感器的两块山字形金属板被断路,555定时器的引脚4经电阻接电源为高电平工作,引脚3输出矩形波经RC滤波电路、比较器后送入放大控制电路,放大后信号控制继电器闭合,从而控制屋顶卷扬机的电动机M工作,遮雨帆布自动卷起。下雨时,两块山字形金属板被雨水短路,555定时器的引脚4变为低电平则不工作,引脚3也无输出,同时继电器不工作,遮雨帆布在重力作用下自动放下。

需要翻动晾晒物时,按下水平卷扬机的开关,水平卷扬机牵引右侧杆从而带动横架杆做左右往复运动,这时,晾晒帆布在左右运动的同时做上下运动,自动翻动晾晒物。

3.4　半自动穴位播种装置

穴播是根据要求的间隔距离按穴种植,玉米、豆角等大颗粒农作物的播种通常采用穴播。

电磁阀是采用电磁控制的工业设备,属于执行器,用在工业控制系统中调整介质的方向、流量、速度和其他参数。电磁阀可以配合不同的电路来实现预期的控制,且控制的精度和灵活性都能够保证。电磁阀有很多种,不同的电磁阀在控制系统的不同位置发挥作用,最常用的是单向阀、安全阀、方向控制阀和速度调节阀等。

在进行玉米、豆角等农作物的播种时,通常需要进行抓出种子,数好粒数,撒种子进入穴位的过程,播种工作比较劳累,半自动穴位播种装置可以使每个穴位的播种粒数更加精确,同时还能降低播种的工作强度。

下面是半自动穴位播种装置的设计思路。

图 3.4.1 所示为半自动穴位播种装置结构示意图。半自动穴位播种装置包括把手(1)、竖杠(2)、转轮(3)、容器(4)、电磁阀(5)、光电传感器模块(6)、横轴(7)、电源(8)、单片机最小系统(9)、按钮开关(10)。

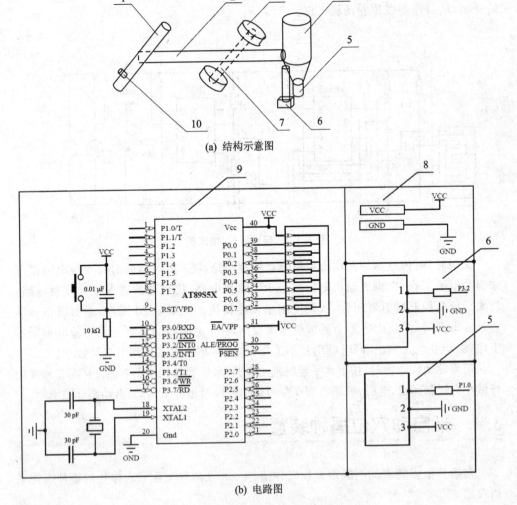

(a) 结构示意图

(b) 电路图

图 3.4.1 半自动穴位播种装置示意图

图 3.4.1(a)所示为半自动穴位播种装置的结构示意图。把手、竖杠、转轮、容器、横轴都由金属材料制成;横轴焊接在竖杠的下面,与竖杠垂直,其中点距离竖杠的右端 20~35 cm;在竖杠的左端焊接把手,与竖杠垂直,右端焊接在容器的侧面;转轮有 2 个,安装在横轴的两端;容器上部分为圆柱体,下部分为圆锥体,圆柱体的上端开口,圆锥体的下端锯掉锥尖部分形成出口;电磁阀安装在容器下端的出口处;光电传感器模块通过连杆与容器的侧壁连接,位于电磁阀的左下方;电源、单片机最小系统安装在容器的侧壁上;按钮开关安装在把手上。

图 3.4.1(b)所示为半自动穴位播种装置电路图。其中,单片机最小系统包括单片机、P0 口上拉电阻、时钟电路和复位电路。单片机最小系统的单片机有 40 个引脚,单片机内部有模/数转换器。

电源输出 5 V 直流电,其正极接按钮开关的一端,按钮开关的另一端接单片机最小系统中单片机的引脚 40,电源负极接单片机最小系统中单片机的引脚 20。

光电传感器模块内部包含红外发射管和红外接收管,它有 3 个引脚:引脚 1 是数字信号输出 DO,引脚 2 是接地 GND,引脚 3 是电源 VCC。焊接时,引脚 1 接单片机最小系统中单片机的引脚 12,引脚 2 接电源的负极,引脚 3 接单片机最小系统中单片机的引脚 40。

电磁阀有 3 个脚:1 脚是电磁阀的控制脚,2 脚是接地 GND,3 脚是电源 VCC。焊接时,1 脚接单片机最小系统中单片机的引脚 1,2 脚接电源的负极,3 脚接单片机最小系统中单片机的引脚 40。通过单片机编程实现对电磁阀的控制。

在进行穴位播种时,从容器的上面放入要播撒的种子,握住把手推动半自动穴位播种装置沿着种穴方向前进,到达穴位后,按下按钮开关接通电源,单片机最小系统的引脚 1 输出高电平,控制电磁阀打开,种子从容器下面的开口处撒下,同时光电传感器模块对撒出的种子进行计数,计数结果通过光电传感器模块的引脚 1 送到单片机最小系统中单片机的引脚 12,当撒出种子的粒数到达预先设定好的数目时,单片机最小系统控制引脚 1 输出低电平,控制电磁阀关闭,闭合按钮开关,推动半自动穴位播种装置沿着种穴方向继续前进,重复上述过程进行穴播。在进行玉米、豆角等农作物的播种时,可以使每个穴位的播种粒数更加精确,同时还能降低播种的工作强度。

3.5　三色 LED 花盆湿度指示装置

有些花卉对干湿程度要求较高,浇水时最好知道花盆土壤的湿度,三色 LED 花盆湿度指示装置,可用于自动显示花盆土壤的湿度,并用三色 LED 的发光颜色指示出花盆土壤是否缺水。

下面是三色 LED 花盆湿度指示装置的设计思路。

图 3.5.1 所示为三色 LED 花盆湿度指示装置电路示意图。三色 LED 花盆湿度指示装置由单片机最小系统(1)、电源(2)、湿度传感器模块(3)、数码管(4)、三色 LED(5)、独立按键(6)组成。

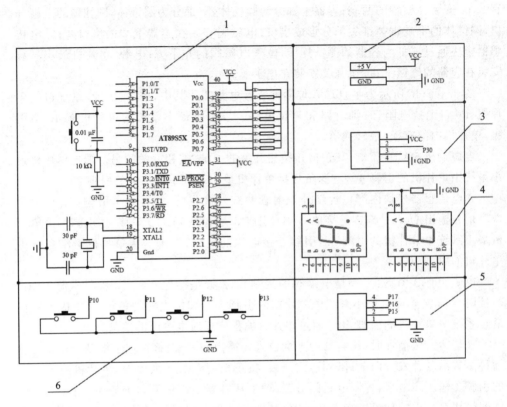

图 3.5.1　三色 LED 花盆湿度指示装置电路示意图

单片机最小系统、电源、湿度传感器模块、数码管、三色 LED、独立按键都焊接在电路板上。

电源提供 5 V 直流电。

湿度传感器模块是一个集成湿度传感器,内部电路有电阻分压及放大输出环节,其外部有 2 个湿度探针和 4 个接线脚:1 脚接电源 VCC,2 脚接模拟信号输出 AO,3 脚是数字信号输出 DO,4 脚是接地 GND。焊接时,1 脚接电源的正极,4 脚接电源的负极,2 脚接单片机最小系统中单片机的引脚 10,3 脚悬空。使用时,湿度传感器模块的 2 个湿度探针插入花盆土壤中。

单片机最小系统包括单片机、P0 口上拉电阻、时钟电路和复位电路,其中,单片机有 40 个引脚。电源的正极接单片机最小系统中单片机的引脚 40,负极接单片机最小系统中单片机的引脚 20,单片机最小系统的单片机内部具有模/数转换器。

数码管有两个,每个数码管有 10 个引脚,两个数码管的引脚 8 连接在一起串联一个电阻后接电源的负极,一个数码管的引脚1、2、4、5、6、7、9、10分别依次接入单片机最小系统中单片机的引脚32、33、34、35、36、37、37、39,另一个数码管的引脚1、2、4、5、6、7、9、10分别依次接入单片机最小系统中单片机的引脚21、22、23、24、25、26、27、28。

三色LED有4个引脚,其发光颜色分别为红光、蓝光、黄光。焊接时,三色LED的引脚1串联一个电阻后接电源的负极,引脚2、3、4依次接入单片机最小系统中单片机的引脚6、7、8。

独立按键有4个,其一端连接在一起接电源的负极,另一端依次接入单片机最小系统中单片机的引脚1~4。

本设计所需单片机最小系统、电源、湿度传感器模块、数码管、三色LED、独立按键获得方便。在使用过程中,可以通过单片机编程实现对湿度传感器模块、独立按键的数据处理和对数码管及三色LED的控制。

4个独立按键用于设定湿度的下限和上限,当不需要调节湿度的下限和上限时,单片机最小系统中单片机的引脚1、2、3、4内部赋值高电平,当某一个独立按键按下时,单片机的对应引脚变为低电平,单片机调节预设的湿度下限和上限。每按下第1个独立按键一次,湿度的下限都增加1个相对湿度值;每按下第2个独立按键一次,湿度的下限都减小1个相对湿度值;每按下第3个独立按键一次,湿度的上限都增加1个相对湿度值;每按下第4个独立按键一次,湿度的上限都减小1个相对湿度值。

例如,起始相对湿度的下限和上限分别设定为40、90,如果要把相对湿度下限和上限调整为45、85,则只需要连续按动第1个独立按键5次,然后连续按动第4个独立按键5次即可。

使用时,湿度传感器模块的2个湿度探针插入花盆土壤中,单片机把接收到的湿度信号处理后送入数码管显示相对湿度值。如果相对湿度值低于设定的湿度下限,则单片机引脚6输出高电平,控制三色LED发出红光;如果相对湿度值介于设定的湿度下限和上限之间,则单片机引脚7输出高电平,控制三色LED发出蓝光;如果相对湿度值高于设定的湿度上限,则单片机引脚8输出高电平,控制三色LED发出黄光。三色LED花盆湿度指示装置可用于自动显示花盆土壤的湿度,并用三色LED的发光颜色指示出花盆土壤是否缺水。

第 **4** 章

工业设施

4.1　N 位数码管 PCB 拓展板

数码管是一种半导体发光器件,其基本单元是发光二极管。数码管实际上是由 7 个发光管组成 8 字形构成的,加上小数点就是 8 个。这些段分别由 a,b,c,d,e,f,g,dp 来表示。

数码管要正常显示,就要用驱动电路来驱动数码管的各个段码,从而显示出需要的数字,因此根据数码管驱动方式的不同,可以分为静态式和动态式两类。

静态驱动也称直流驱动。静态驱动是指每个数码管的每一个段码都由一个单片机的 I/O 端口进行驱动,或者使用如 BCD 码二~十进制译码器译码进行驱动。静态驱动的优点是编程简单,显示亮度高,缺点是占用 I/O 端口多。

数码管动态显示驱动接口是单片机中应用最为广泛的一种显示方式之一。动态驱动是将所有数码管的 8 个显示笔画"a,b,c,d,e,f,g,dp"的同名端连在一起,另外为每个数码管的公共极增加位选通控制电路,位选通由各自独立的 I/O 线控制,当单片机输出字形码时,所有数码管都接收到相同的字形码,但究竟是哪个数码管会显示出字形,取决于单片机对位选通端电路的控制,所以只要将需要显示的数码管的选通控制打开,该位就显示出字形,没有选通的数码管就不会亮。通过分时轮流控制各个数码管的位选通端,就可使各个数码管轮流受控显示,这就是动态驱动。

数码管按能显示多少个"8"可分为 1 位、2 位、3 位、4 位、5 位、6 位、7 位等数码管;按发光二极管单元连接方式可分为共阳极数码管和共阴极数码管。共阴数码管是指将所有发光二极管的阴极接到一起形成公共阴极的数码管。共阴数码管在应用时应将公共极接到地线上,当某一字段发光二极管的阳极为高电平时,相应字段就点亮;当某一字段的阳极为低电平时,相应字段就不亮。

PCB 板,又称为印刷电路板,是电子元器件电气连接的提供者。采用电路板的主要优点是大大减少布线和装配的差错,提高了自动化水平和生产劳动率。在印制电路板出现之前,电子元件之间的互连都是依靠电线直接连接而组成完整的线路。印制电路板从单层板发展到双面板、多层板和挠性板,并不断地向高精度、高密度和高可靠性方向发展。不断缩小体积、降低成本、提高性能,使得印制电路板在未来电子产品的发展过程中,仍然保持强大的生命力。

单面板:印制电路板在最基本的 PCB 上,元件集中在其中一面上,导线则集中在另一面上。因为导线只出现在其中一面上,所以这种 PCB 称为单面板。单面板在设计线路上有许多严格的限制(因为只有一面,布线间不能交叉而必须绕独自的路径)。

双面板:这种电路板的两面都有布线,不过要用上两面的导线,必须要在两面间有适当的电路连接才行。这种电路间的"桥梁"称为导孔。导孔是在 PCB 上,充满或涂上金属的小洞,它可以与两面的导线相连接。因为双面板的面积比单面板大了1倍,因此解决了单面板上因为布线交错的难点(可以通过导孔通到另一面),它更适合用在比单面板更复杂的电路上。

目前的电路板,主要由以下部分组成:

线路与图面:线路作为元件之间导通的工具,在设计上会另外设计大铜面作为接地及电源层。线路与图面是同时做出的。

介电层:用来保持线路及各层之间的绝缘性,俗称为基材。

导孔:导通孔可使两层次以上的线路彼此导通,较大的导通孔则作为元件插件用;非导通孔通常用来作为表面贴装定位,组装时固定螺丝用。

防焊油墨:并非全部的铜面都要吃锡上元件,因此非吃锡的区域,会印一层隔绝铜面吃锡的物质(通常为环氧树脂),避免非吃锡的线路间短路。根据不同的工艺,分为绿油、红油、蓝油。

1 位的数码管有 8 个段码控制端子和 2 个位选控制端子,这 2 个位选控制端子内部是连接在一起的,相当于一个端子,每一个数码管是否点亮由数码管的位选端子控制,因此数码管动态显示时是分时点亮的。

在我们要进行多位数码管动态显示驱动时,如果厂家没有生产这种多位数码管(例如 11 位),或我们身边没有所需的多位数码管,只有多个 1 位的数码管,则需要使用导线把这些 1 位数码管连接为多位的数码管,连线较为复杂,出错率较高,N 位数码管 PCB 拓展板,可减少布线和装配的差错。

下面是 N 位数码管 PCB 拓展板的设计思路。

图 4.1.1 所示为 N 位数码管 PCB 拓展板的结构和电路图。N 位数码管 PCB 拓展板由 PCB 板(1)、排针座(2)、排针(3)、数码管(4)组成。

其中,拓展板结构示意图如图 4.1.1(a)所示。在 N 位数码管中($2 \leqslant N \leqslant 20$),排针座有 $10 \times N$ 个,5 个一组,共有 $2 \times N$ 组,通过 PCB 板上的导孔焊接在 PCB 板上;排针有 $8+N$ 个,分为 3 组,有两组分别为 4 个,通过 PCB 板上的导孔分别焊接在 PCB 板的左侧和右侧,另一组排针有 N 个,通过 PCB 板上的导孔焊接在 PCB 板的下方。

N 位数码管 PCB 拓展板电路图如图 4.1.1(b)所示。数码管有 N 个,每个数码管有 10 个引脚,包括 8 个段码控制端子和 2 个位选控制端子。N 个数码管可以从 $2 \times N$ 组排针座上插入或拔出,对应 N 个数码管的 8 个段码控制端子同名端的排针座在 PCB 板上通过线路相连接,并分别连接到左、右两组排针上,对应 N 个数码管位选端子的排针座分别连接到 PCB 板下方的 N 个排针上。

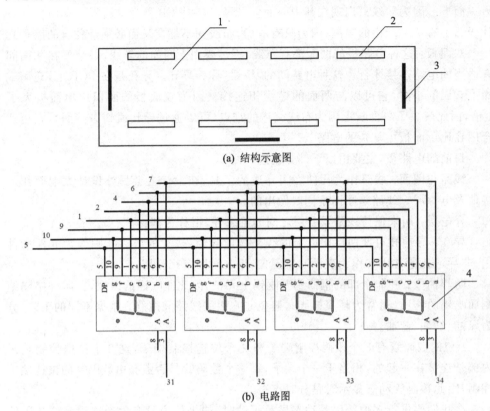

(a) 结构示意图

(b) 电路图

图 4.1.1　N 位数码管 PCB 拓展板的结构和电路图

使用时,例如,N=11 时,N 位数码管 PCB 拓展板有 110 个排针座,共分为 22 组,可插拔 11 个数码管,其左侧和右侧分别有 4 个排针,下方有 11 个排针,左、右侧 8 个排针加入外部信号后可控制数码管的段码,即控制数码管显示什么,下方 11 个排针加入外部位选信号,控制点亮哪一个数码管。

多位数码管动态显示驱动时,如果厂家没有生产这种多位数码管(例如 11 位),或我们身边没有所需的多位数码管,只有多个 1 位数码管,则可以使用该 N 位数码管 PCB 拓展板,把 1 位数码管拓展为多位数码管。

4.2　四路转换开关

开关的词语解释为开启和关闭。它还指一个可以使电路开路、使电流中断或使其流到其他电路的电子元件。用于控制机电设备的开关,通常有一个或者多个电子接点。接点的闭合表示电子接点导通,允许电流流过;接点的断开表示电子接点不导

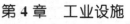

通形成开路,不允许电流流过。开关的种类很多,有多种分类方法。

按用途分为:波动开关、波段开关、录放开关、电源开关、预选开关、限位开关、控制开关、转换开关、隔离开关、行程开关、墙壁开关和智能防火开关等。

按结构分为:微动开关、船型开关、钮子开关、拨动开关、按钮开关、按键开关、薄膜开关、智能防火开关或更安全的钢架开关等。

按开关数分为:单控开关、双控开关、多控开关。

按功能分为:调光开关、调速开关、防溅盒、门铃开关、感应开关、触摸开关、遥控开关、智能开关、插卡取电开关、浴霸专用开关和网络开关等。

四路拨动开关可以分别完成 4 路信号的开和关,如果把四路拨动开关的 4 个输出端子连在一起,它还可以完成 4 路信号到 1 路信号的转变。如果我们想完成 4 路信号到 1 路信号的转变,同时把这一路信号送入不同的控制电路,那么现有的开关就无法完成这个工作了。

下面是四路转换开关的设计思路。

四路转换开关结构示意图如图 4.2.1 所示。四路转换开关包括脚(1)、金属触点(2)、拨动开关(3)、底座(4)、旋转开关(5)、旋转轴(6)。

在底座的中心点打孔安装旋转轴,旋转开关嵌套在旋转轴上并可以绕旋转轴转动。金属触点有 12 个,其中:4 个金属触点呈竖列安装在底座上面的左侧;4 个金属触点呈竖列安装在底座上面的中心轴线上,这 4 个金属触点用导线与旋转轴焊接在一起;4 个

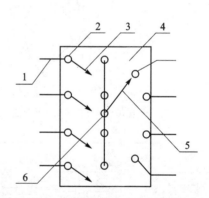

图 4.2.1　四路转换开关结构示意图

金属触点呈弧形安装在底座上面的右侧,这 4 个金属触点到旋转轴的距离相等。旋转开关旋转时可以把旋转轴分别与这 4 个金属触点接通。脚有 8 个,从底座的上面左、右侧分别打 4 个孔安装 8 个脚,左、右侧 8 个脚分别用导线和左、右侧 8 个金属触点焊接在一起。拨动开关有 4 个,分别安装在左侧 4 个金属触点与中心轴线上 4 个金属触点之间,当打开或关闭某一个拨动开关时,对应的金属触点连通或关闭。

例如,我们要选取 4 路传感器的某一路信号并把这一路信号输出去控制 2 路继电器中的某一路。我们只需要把 4 路传感器的输出信号线连接到四路转换开关左端的输入脚上,把 2 个继电器的 2 路控制信号线连接到四路转换开关右端的任意 2 个输出脚上,打开一个拨动开关,关闭另 3 个拨动开关,选取某一路传感器输出信号,转动旋转开关接通某一路继电器控制信号,即可完成控制。

四路转换开关可完成 4 路信号到 1 路信号的转变,同时把这一路信号送入不同的控制电路。

4.3 汽车方向盘转向指示装置

汽车方向盘转向指示装置,帮助刚学车的驾驶人对方向盘正确归位。

下面是汽车方向盘转向指示装置的设计思路。

图 4.3.1 所示为汽车方向盘转向指示装置。汽车方向盘转向指示装置由方向盘(1)、方向盘转轴(2)、霍尔传感器(3)、方向盘固定座(4)、磁钢(5)、单片机最小系统(6)、电源(7)、第一数码管(8)、第二数码管(9)、第三数码管(10)组成。

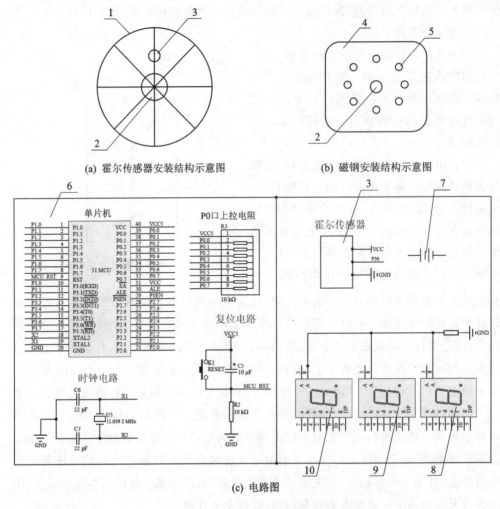

(a) 霍尔传感器安装结构示意图　　　　(b) 磁钢安装结构示意图

(c) 电路图

图 4.3.1　汽车方向盘转向指示装置

其中,霍尔传感器安装结构示意图如图 4.3.1(a)所示。霍尔传感器安装在方向盘的下面。

磁钢安装结构示意图如图 4.3.1(b)所示。磁钢是一个圆柱体磁铁,有 8～36 个,安装在方向盘固定座的上面,在以方向盘转轴为中心的圆周上均匀分布,磁钢到方向盘转轴的距离等于霍尔传感器到方向盘转轴的距离。

电路图如图 4.3.1(c)所示。单片机最小系统、电源和 3 个数码管焊接在一块电路板上,电路板安装在方向盘的上面。电源为 5 V 直流电源。单片机最小系统包括单片机、P0 口上拉电阻、时钟电路和复位电路,其中的单片机有 40 个引脚。电源正极接单片机的引脚 40,负极接单片机的引脚 20。

霍尔传感器是一个集成霍尔传感器模块,有 3 个引脚:引脚 1 是电源 VCC,引脚 2 是信号输出,引脚 3 是接地 GND。焊接时,引脚 1 接电源的正极,引脚 3 接电源的负极,引脚 2 接单片机的引脚 16。

3 个数码管均为 1 位共阴数码管,每个数码管都有 10 个引脚,3 个数码管的引脚 8 连接在一起串联一个电阻后接电源的负极,第一数码管的引脚 1、2、4、5、6、7、9、10 分别依次接入单片机的引脚 1～8,第二数码管的引脚 1、2、4、5、6、7、9、10 分别依次接入单片机的引脚 21～28,第三数码管的引脚 1、2、4、5、6、7、9、10 分别依次接入单片机的引脚 39、38、37、36、35、34、33、32。

方向盘转动时,霍尔传感器每次转到一个磁钢的上方时,都会输出一个矩形脉冲,送入单片机最小系统控制 3 个数码管计数,计数结果反映方向盘转过的角度,使驾驶人能够正确对方向盘进行操作,特别是帮助刚学车的驾驶人对方向盘正确归位。

4.4 斑马线灯光辅助装置

交通信号灯是指挥交通运行的信号灯,一般由红灯、绿灯、黄灯组成。红灯表示禁止通行,绿灯表示准许通行,黄灯表示警示。在十字路口,四面都悬挂着红、黄、绿三色交通信号灯,它是不出声的“交通警察”。红绿灯是国际统一的交通信号灯。红灯是停止信号,绿灯是通行信号。在交叉路口,几个方向来的车都汇集在这儿,有的要直行,有的要拐弯,到底让谁先走,就要听从红绿灯的指挥。红灯亮,禁止直行或左转弯,在不妨碍行人和车辆的情况下,允许车辆右转弯;绿灯亮,准许车辆直行或转弯。

夜间驾驶人和行人可能看不清斑马线和停车线,斑马线灯光辅助装置在夜间的斑马线上可显现出与交通信号灯相同颜色的光带,提醒驾驶人和行人注意,确保安全,同时可作为城市景观灯使用。

下面是斑马线灯光辅助装置的设计思路。

图 4.4.1 所示为斑马线灯光辅助装置各组成部分。斑马线灯光辅助装置由单片机最小系统(1)、第一电阻(2)、光敏电阻(3)、可变电阻(4)、第二电阻(5)、比较器(6)、变压整流器(7)、第一晶体三极管(8)、黄色 LED 指示灯(9)、第二晶体三极管(10)、绿色 LED 指示灯(11)、第三晶体三极管(12)、红色 LED 指示灯(13)、容器盒(14)、不透明涂层(15)、电源(16)、红色交通信号灯(17)、绿色交通信号灯(18)、黄色交通信号灯(19)组成。

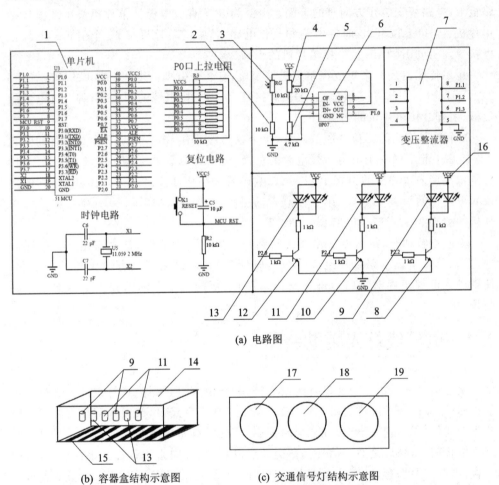

(a) 电路图

(b) 容器盒结构示意图　　　(c) 交通信号灯结构示意图

图 4.4.1　斑马线灯光辅助装置各组成部分

斑马线灯光辅助装置电路图如图 4.4.1(a)所示。电源为 5 V 直流电源;光敏电阻的正极接电源的正极,负极串接第一电阻后接电源负极;可变电阻的一端接电源的正极,另一端串接第二电阻后接电源负极;比较器有 8 个引脚,光敏电阻的负极接比较器的引脚 2,可变电阻与第二电阻的连接处接比较器的引脚 3;黄色 LED 指示灯、绿色 LED 指示灯、红色 LED 指示灯每组有 20 个,每组的 20 个 LED 指示灯并联后正极接电源正极,负极串联 1 kΩ 电阻后分别接入 3 个晶体三极管的集电极,3 个晶体三极管的发射极连接在一起接电源负极。

变压整流器内部有 3 组变压器及对应的整流稳压器,有 8 个输入输出端子。端子 4 为输入端公共端子;端子 5 为输出端公共端子,接电源的负极;从红色交通信号灯的两条控制线引出两条线接入端子 1 和 4;从绿色交通信号灯的两条控制线引出两条线接入端子 2 和 4;从黄色交通信号灯的两条控制线引出两条线接入端子 3 和 4。

单片机最小系统包括单片机、P0 口上拉电阻、时钟电路和复位电路。其中的单片机有 40 个引脚。电源正极接单片机的引脚 40,负极接单片机的引脚 20;比较器的引脚 6 接单片机的引脚 1;变压整流器的第 8 端子接单片机的引脚 2;第 7 端子接单片机的引脚 3,第 6 端子接单片机的引脚 4;3 个晶体三极管的基极串联 1 kΩ 电阻后分别接单片机的引脚 21、22、23。

斑马线灯光辅助装置容器盒结构示意图如图 4.4.1(b)所示。容器盒为一个长方体容器,安装在十字路口斑马线的上方,内部安装有 LED 指示灯等器件,其底面透明,在底面内部等间距刷上不透明涂层。

斑马线灯光辅助装置交通信号灯结构示意图如图 4.4.1(c)所示。红色交通信号灯、绿色交通信号灯、黄色交通信号灯为指挥交通运行的信号灯。

光敏电阻的变化控制比较器引脚 6 的输出,送入单片机的引脚 1,从而控制 LED 指示灯只能在夜间点亮。交通信号灯的信号送入变压整流器,其输出信号通过单片机控制 LED 指示灯与对应颜色的交通信号灯同步点亮,从而使夜间的斑马线上可显现出与交通信号灯相同颜色的光带。

夜间驾驶人和行人可能看不清斑马线和停车线,本设计可在夜间的斑马线上显现出与交通信号灯相同颜色的光带,提醒驾驶人和行人注意,确保安全,同时可作为城市景观灯使用。

4.5 牛奶封箱打包流水线检测装置

包装流水线的主要工作是在特定的路线上完成物料的连续输送以及包装。输送方式可有多种,比如倾斜输送、垂直输送及水平输送或组成空间输送;输送线路一旦设定,物料就会沿着固定的线路完成每个工序中的动作,包装方式同样也是多样的,这种设备在很多生产企业中广泛应用。

现有牛奶封箱打包流水线在使用时存在一个问题:在牛奶封箱时可能多封入或少封入几包牛奶,这种错封可能对企业造成不好的影响,但这种错封检查起来又非常麻烦。牛奶封箱打包流水线检测装置,用于自动检测流水线上封装是否出错。

下面是牛奶封箱打包流水线检测装置的设计思路。

牛奶封箱打包流水线检测装置结构方框图如图 4.5.1 所示。牛奶封箱打包流水线检测装置由电源(1)、压力传感器模块(2)、单片机最小系统(3)、报警指示灯(4)、语音模块(5)组成。

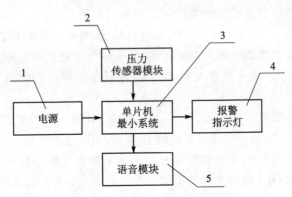

图 4.5.1　牛奶封箱打包流水线检测装置结构方框图

电源提供电能,压力传感器模块安装在牛奶封箱打包流水线传送带的下方,其输出的信号送入单片机最小系统,单片机最小系统输出信号控制报警指示灯和语音模块。

牛奶封箱打包流水线检测装置电路图如图 4.5.2 所示。单片机最小系统包括单片机、P0 口上拉电阻、时钟电路和复位电路。单片机最小系统中的单片机内部储存两个数字 A、B,A 为一箱牛奶的质量,B 为一包牛奶的质量,当单片机最小系统输入信号大于 $A+B/2$,或小于 $A-B/2$ 且大于 $A/2$ 时,就输出报警信号,控制报警指示灯和语音模块进行报警。

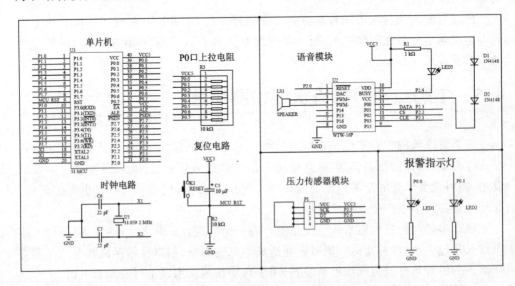

图 4.5.2　牛奶封箱打包流水线检测装置电路图

　　压力传感器模块包括压力传感器、放大器和 A/D 转换器。压力传感器模块外接 4 个脚,分别是电源 VCC、时钟 SCK、数据输出 DT 和地 GND。这 4 个脚插在排针座上用引线引出,其中电源 VCC 接单片机引脚 40,时钟 SCK 接单片机引脚 26,数据输出 DT 接单片机引脚 27,地 GND 接单片机引脚 20。

　　报警指示灯是两个 LED 灯,一个为红色,另一个为绿色。两个报警指示灯的负极分别串联一个 470 Ω 的电阻后接单片机引脚 20,红色报警指示灯的正极接单片机引脚 39,绿色报警指示灯的正极接单片机引脚 38。

　　语音模块内部有一个 16 引脚的语音芯片,语音芯片的引脚 1 接单片机引脚 21,语音芯片的引脚 3 和引脚 4 接扬声器,语音芯片引脚 10 接单片机引脚 22,语音芯片引脚 11 接单片机引脚 23,语音芯片引脚 12 接单片机引脚 24。

　　牛奶封箱打包流水线检测装置程序流程图如图 4.5.3 所示。单片机最小系统开始工作后,首先读取压力传感器模块的数值,判断输入信号是否大于 $A+B/2$,或小于 $A-B/2$ 且大于 $A/2$,如果是,则单片机最小系统输出报警信号,控制报警指示灯和语音模块进行报警。红色报警指示灯点亮,语音模块播放事先录制的声音,提醒包装出错,否则绿色报警指示灯点亮,语音模块不工作,单片机最小系统重新读取压力传感器模块的数值。

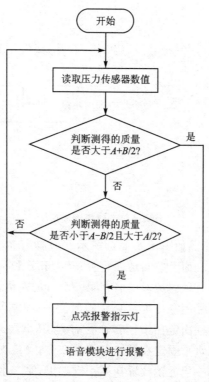

图 4.5.3　牛奶封箱打包流水线检测装置程序流程图

4.6 电子测高仪

传统测高仪为机械手动测量,调节麻烦,测量精度差。本设计的电子测高仪可自动显示高度的测量结果。

下面介绍电子测高仪的设计思路。

图 4.6.1 所示为电子测高仪的结构和信号处理方框图。电子测高仪由立柱(1)、电阻丝(2)、第一套管(3)、第一紧固螺丝(4)、第二套管(5)、第二紧固螺丝(6)、底脚(7)、第一导线(8)、第二导线(9)、第一支架(10)、第一水准仪(11)、第一望远镜(12)、第一金属柱(13)、第三导线(14)、第二支架(15)、第二水准仪(16)、第二望远镜(17)、第二金属柱(18)、第四导线(19)、电源(20)、单片机(21)、LCD 液晶显示器(22)组成。

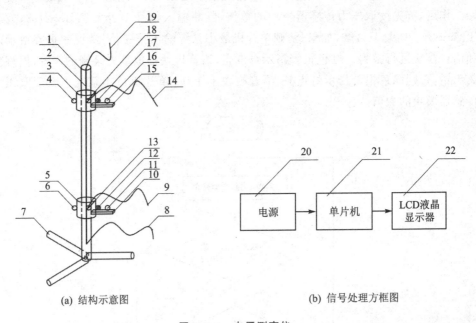

(a) 结构示意图   (b) 信号处理方框图

图 4.6.1 电子测高仪

电子测高仪结构示意图如图 4.6.1(a)所示。底脚有 3 个;立柱铅直安装在底脚上,电阻丝嵌在立柱的外表面上并与地面垂直;第一套管和第二套管分别套在立柱上并能在其上上下滑动;第一紧固螺丝安装在第一套管的左侧,第二紧固螺丝安装在第二套管的左侧;第一金属柱固定在第二套管的前侧,其里端与电阻丝紧密接触,外端连接第二导线;第二金属柱固定在第一套管的前侧,其里端与电阻丝紧密接触,外端连接第三导线;第一支架水平固定在第二套管的右侧;第二支架水平固定在第一套管的右侧;第一水准仪和第一望远镜放置在第一支架上;第二水准仪和第二望远镜放置在第二支架上。

电子测高仪信号处理方框图如图 4.6.1(b)所示。从电阻丝的两端引出第一导线和第四导线,并分别接电源的正极和负极;电源同时为单片机提供电能;第二导线和第三导线之间输出的电压送入单片机;单片机将处理结果送入 LCD 液晶显示器显示。单片机带有模/数转换器。

测量时,调节第二套管的高度用第一望远镜观察被测物的下端,调节第一套管的高度用第二望远镜观察被测物的上端,第二导线和第三导线之间输出的电压与被测物的高度成正比,这个电压送入单片机,单片机计算出被测物的高度即可将处理结果送入 LCD 液晶显示器显示。

4.7　电动剥豆机

黄豆俗称毛豆,是大家喜爱吃的食物。然而,剥毛豆却是一件麻烦事,费时费力,与人们的现代生活不相适应。电动剥豆机可减轻人们剥豆的负担。下面介绍电动剥豆机的设计思路。

如图 4.7.1 和图 4.7.2 所示,电动剥豆机由加工室外壳(1)、搅棍(2)、出料口(3)、风选室外壳(4)、出壳口(5)、出豆口(6)、吹风机(7)、隔板(8)、电动机(9)、进料口(10)组成。

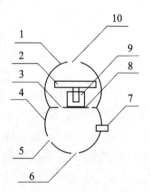

图 4.7.1　电动剥豆机整体结构示意图

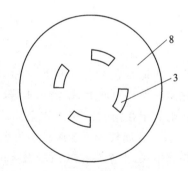

图 4.7.2　电动剥豆机隔板结构示意图

加工室外壳和风选室外壳都是球缺形中空容器,加工室外壳和风选室外壳之间焊接隔板,隔板的上方中心位置固定电动机,电动机的转轴与地面垂直,吹风机安装在风选室外壳的右侧,加工室外壳上方中心开有进料口,在隔板上开有环状出料口,风选室外壳下方中心开有出豆口,风选室外壳左侧开有出壳口。

搅棍有 4 根,它们互成 90°固定在电动机的转轴上。本设计在使用时,黄豆或其他豆类从进料口放入,经搅棍碾压、撕裂后实现剥豆功能,碾压、撕裂后的豆子和豆壳混在一起从出料口下落,经吹风机风选后,豆子从出豆口下落,豆壳经出壳口吹出。

4.8 舞台地面开关

开关指一个可以使电路开路、使电流中断或使其流到其他电路的电子元件。最常见的开关是人工操作的机电设备,其中有一个或数个电子接点。接点的闭合表示电子接点导通,允许电流流过,开关的断开表示电子接点不导通形成开路,不允许电流流过。现有开关不能在地上使用。舞台地面开关,可用于舞台灯光、音响等控制。下面介绍舞台地面开关的设计思路。

舞台地面开关结构示意图如图4.8.1所示。舞台地面开关由固定地砖(1)、活动地砖(2)、上金属柱(3)、弹簧(4)、下金属柱(5)、上金属柱引出线(6)、下金属柱引出线(7)组成。

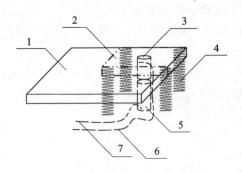

图4.8.1 舞台地面开关结构示意图

把一块地砖右上角的四分之一切割下来,形成活动地砖,剩余部分是固定地砖;固定地砖铺设在地面上,弹簧有4根,活动地砖的下面挖空一个立方体空间,4根弹簧的底端固定在挖空的立方体空间底部的4个角上,顶端固定在活动地砖下面的4个角上;上金属柱和下金属柱均为金属圆柱,下金属柱的底端固定在挖空的立方体空间底部中央,上金属柱的顶端固定在活动地砖下面的中央,从上金属柱的上部引出上金属柱引出线,从下金属柱的下部引出下金属柱引出线。当活动地砖上无压力时,上金属柱和下金属柱的竖直距离为2 cm,上金属柱引出线与下金属柱引出线之间处于断开状态;当活动地砖上面受到40 kg以上的压力时,上金属柱与下金属柱紧密接触,上金属柱引出线与下金属柱引出线之间处于连接断开状态。

舞台地面开关能利用舞台表演人员的体重灵活方便地控制开关,从而控制灯光、音响等设备。如果舞台地面开关的个数与计算机键盘的个数相等,并把每个舞台地面开关上金属柱引出线和下金属柱引出线接入计算机键盘,则可以利用多位舞台表演人员控制计算机,从而控制电子显示屏显示文字或图案。

4.9　激光灯扫描装置

　　激光灯是激光器发出激光束通过折射镜折射到扫描振镜上,然后通过电脑或者单片机控制振镜的扫描路径和激光器的开关信号。激光灯一般分为娱乐激光灯和户外激光灯。激光灯的灯光具有颜色鲜艳、亮度高、指向性好、射程远、易控制等优点,看上去更具神奇梦幻的感觉。应用在大楼、公园、广场、剧场等地方,利用激光光束的不发散性,能吸引远至几公里外人们的目光。将激光灯安放在高楼或山顶风景区等地方,光束射向远方,空中出现一束明亮的光线,十分耀眼,光束能上下左右摆动,方圆几公里内都能欣赏到它神奇华丽的容颜。

　　通过激光灯扫描装置,可在墙壁、地面或空中呈现文字或图像。

　　下面介绍激光灯扫描装置的设计思路。

　　激光灯扫描装置结构示意图如图 4.9.1 所示。激光灯扫描装置由暗盒(1)、电动机(2)、激光灯(3)、旋转板(4)、狭缝(5)、电源(6)和单片机(7)组成。

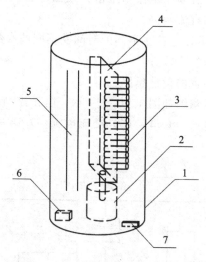

图 4.9.1　激光灯扫描装置结构示意图

　　暗盒为一柱状中空容器,在其内部底面中心处固定电动机;旋转板为一长方体,其底面固定在电动机的转轴上;激光灯有 $N(N=16,32,64$ 或 $128)$ 个,成一竖排固定在旋转板的一个侧面上;电动机可带动激光灯和旋转板一起转动;暗盒的侧表面开有一狭缝;电源和单片机固定在暗盒内部底面上。

　　激光灯扫描装置信号处理方框图如图 4.9.2 所示。电源为电动机和单片机提供电能,单片机的输入输出引脚控制电动机的转速和激光灯的亮灭。

　　使用时,把激光灯扫描装置安装在高楼或山顶风景区等地方,激光灯扫描时可在墙壁、地面或空中呈现文字或图像。

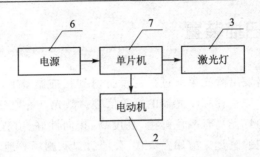

图 4.9.2 激光灯扫描装置信号处理方框图

4.10 电铃控制装置

电铃利用电磁铁的特性,通过电源开关的反复闭合来控制缠绕在主磁芯线圈中的电流通断形成主磁路对弹性悬浮磁芯的磁路吸合与分离交替变化,使连接在弹性悬浮磁芯上的电锤在铃体表面产生振动敲击并发出声音,告知人们工作学习时间的长短预定。电铃有交流和直流两种。

在工业控制中,有时需让电铃在不同的时间响不同的次数。电铃控制装置,可控制电铃在指定时间响指定的次数。

下面介绍电铃控制装置的设计思路。

电铃控制装置结构示意图如图 4.10.1 所示。电铃控制装置由直流电源(1)、单片机(2)、三极管(3)、继电器(4)、电铃(5)、交流电源(6)、第一电阻(7)、第二电阻(8)组成。

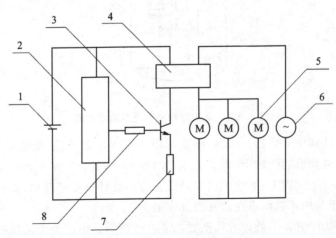

图 4.10.1 电铃控制装置结构示意图

直流电源的正极接单片机引脚 40,负极接单片机的引脚 20;单片机的一个输入输出引脚串联第二电阻后接三极管的基极;继电器输入回路的一端接直流电源的正极,另一端接三极管的集电极;三极管的发射极串联第一电阻后接直流电源的负极;电铃共有 n 个,相并联后一端接继电器输出回路的一端,另一端接交流电源的零线;交流电源的火线接继电器输出回路的另一端。

使用时,通过编程使单片机产生控制信号,经三极管放大后驱动继电器和电铃工作。

4.11　钕铁硼中频感应炉出液口控制装置

钕铁硼稀土永磁材料,以其优良的磁性能得到越来越多的应用,广泛用于医疗的核磁共振成像,计算机硬盘驱动器,音响、手机等;随着节能和低碳经济的要求,钕铁硼稀土永磁材料又开始在汽车零部件、家用电器、节能和控制电机、混合动力汽车,风力发电等领域得到应用。

利用物料的感应电热效应而使物料加热或熔化的电炉称为感应炉。感应炉采用的交流电源有工频(50 或 60 Hz)、中频(150～10 000 Hz)和高频(高于 10 000 Hz)3 种。感应炉的主要部件有感应器、炉体、电源、电容和控制系统等。在感应炉中的交变电磁场作用下,物料内部产生涡流从而达到加热或融化的效果。在这种交变磁场的搅拌作用下,炉中材质的成分和温度均较均匀,锻造加热温度可达 1 250 ℃,熔炼温度可达 1 650 ℃。感应炉除能在大气中加热或熔炼外,还能在真空和氩、氖等保护气氛中加热或熔炼,以满足特殊质量的要求。感应炉在透热或熔炼软磁合金、高阻合金、铂族合金、耐热、耐蚀、耐磨合金以及纯金属方面具有突出的优点。感应炉通常分为感应加热炉和熔炼炉。

中频感应炉是一种将工频 50 Hz 交流电转变为中频(300 Hz 以上至 20 kHz)的电源装置,把三相工频交流电,整流后变成直流电,再把直流电变为可调节的中频电流,供给由电容和感应线圈里流过的中频交变电流,在感应圈中产生高密度的磁力线,并切割感应圈里盛放的金属材料,在金属材料中产生很大的涡流。这种涡流同样具有中频电流的一些性质,即金属自身的自由电子在有电阻的金属体内流动会产生热量。

电动阀通常由电动执行机构和阀门组成。由电动机带动减速装置,在电信号的作用下,做直线运动或角度旋转运动,从而达到对管道介质的开关目的。电动阀门优点是稳定性高,推力恒定,抗偏离能力好。

伺服电机是指在伺服系统中控制机械元件运转的电动机,是一种补助电动机间接变速装置。伺服电机可使控制速度、位置精度非常准确,可以将电压信号转化为转矩和转速以驱动控制对象。

热电偶是温度测量仪表中常用的测温元件,它直接测量温度,并把温度信号转换成热电动势信号,通过电气仪表(二次仪表)转换成被测介质的温度。各种热电偶的外形常因需要而极不相同,但是它们的基本结构大致相同,通常由热电极、绝缘套保护管和接线盒等主要部分组成,通常与显示仪表、记录仪表及电子调节器配套使用。

薄状固化合金的制造装置包括上方开口并收容合金熔液的容器,使该容器倾倒的驱动机构,控制该驱动机构的控制装置,使合金熔液冷却凝固而形成薄带状的冷却滚筒,控制冷却滚筒稳定转动的机构。容器倾倒控制装置包括倾倒的倾倒角速度指令存储器,从该存储器中读入倾倒角速度指令并按该指令使容器倾倒驱动机构动作,倾倒角速度指令可以根据容器的大小、倾倒角度预先设定,以使合金熔液以一定量流出。

现有的钕铁硼合金熔炼坩埚的合金熔液流出口开设在上方,典型代表为坩埚,使用这种坩埚倒出合金熔液时,需要有倾倒的驱动机构、倾倒角速度传感器、控制该驱动机构的控制装置等。这些装置的体积大,造价高,同时合金熔液只能大致以一定量流出,流量不能稳定,影响合金熔液的冷却及后续操作。钕铁硼中频感应炉出液口控制装置,把熔炼坩埚的合金熔液出口设在下方,使用电动阀控制出液口的打开和关闭,解决了现有熔炼坩埚出液口设在上方的弊端,减小了设备的体积,降低了设备的造价,提高了合金熔液出液的稳定性。

下面介绍钕铁硼中频感应炉出液口控制装置的设计思路。

钕铁硼中频感应炉出液口控制装置示意图如图 4.11.1 所示。钕铁硼中频感应炉出液口控制装置由熔炼坩埚(1)、加热线圈(2)、电动阀伺服电机(3)、电动阀阀门(4)、热电偶(5)和单片机(6)组成。

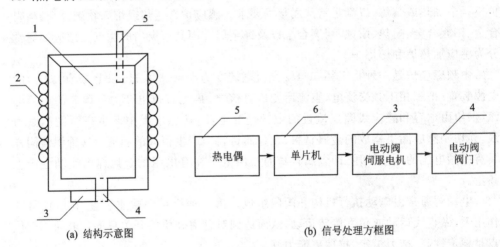

(a) 结构示意图　　　　　(b) 信号处理方框图

图 4.11.1　钕铁硼中频感应炉出液口控制装置示意图

其中,图 4.11.1(a)所示为该装置的结构示意图。熔炼坩埚是一个圆柱形容器,其顶端是一个可以打开的顶盖,钕铁硼合金锭可从顶盖放入;加热线圈缠绕在熔炼坩埚的圆柱形侧面外;熔炼坩埚底面中心打一圆形孔,电动阀阀门嵌入熔炼坩埚底面中心圆形孔之中;电动阀伺服电机安装于熔炼坩埚底面的下端,熔炼坩埚的顶盖开有小孔,热电偶从这个小孔中嵌入熔炼坩埚的内部;单片机作为控制器放在熔炼坩埚 3 m

以外的地方。

电动阀阀门的制造材料熔点应高于 1 580 ℃。

钕铁硼中频感应炉出液口控制装置信号处理方框图如图 4.11.1(b)所示。在钕铁硼中频感应炉出液口控制装置中,热电偶输出的电压信号送入单片机处理,单片机将处理后的信号送入电动阀伺服电机,电动阀伺服电机控制电动阀阀门的打开与闭合。

使用时,熔炼坩埚作为炉体放入溶解室内,钕铁硼合金锭可从溶解室上方的原料添加室经由熔炼坩埚的顶盖放入,然后加热线圈通以中频交变电流对钕铁硼合金锭加热,加热到一定温度后,单片机发出控制信号送入电动阀伺服电机,电动阀伺服电机控制电动阀阀门打开,熔融状态下的钕铁硼合金液体经过电动阀阀门流下,合金液体经冷却等设备处理后形成合金片。

上述溶解室、原料添加室、中频交变电流产生设备、单片机控制系统、合金液体冷却设备等已经具有非常成熟的技术。

4.12　三维 LED 断层重建装置

下面是三维 LED 断层重建装置的设计思路。

三维 LED 断层重建装置结构示意图如图 4.12.1(a)所示。三维 LED 断层重建装置由水平发射板(1)、水平红外发射灯(2)、垂直发射板(3)、垂直红外发射灯(4)、水平接收板(5)、水平红外接收灯(6)、垂直接收板(7)、垂直红外接收灯(8)组成。

多个水平红外发射灯成阵列固定在水平发射板上,多个垂直红外发射灯成阵列固定在垂直发射板上,与水平红外发射灯数量相等的水平红外接收灯成阵列固定在水平接收板上,与垂直红外发射灯数量相等的垂直红外接收灯成阵列固定在垂直接收板上。

三维 LED 断层重建装置电路图如图 4.12.1(b)所示。三维 LED 断层重建装置电路由水平红外发射灯(2)、垂直红外发射灯(4)、水平红外接收灯(6)、垂直红外接收灯(8)、电阻、集成运放(13)和(18)、二输入"与"门(19)、LED 灯(20)、三极管(22)组成。由两个集成运放构成两个电压比较器,其输出送入二输入"与"门的 2 个输入端,二输入"与"门的输出端串联电阻后接三极管的基极,LED 灯的正极接电源正极,负极串联电阻后接三极管的集电极,三极管的发射极接电源负极。

LED 灯的数目等于水平红外发射灯的数目乘以垂直红外发射灯的数目。

使用时,当水平红外发射灯、垂直红外发射灯所发射红外线被进入的物体遮挡时,水平红外接收灯、垂直红外接收灯不能接收到相应的红外线,电阻变大,集成运放反相输入端的输入电压变小,它们均输出高电平,二输入"与"门输出高电平,三极管导通,LED 灯点亮。因此,能用 LED 灯的点阵反映进入物体的断层情况。

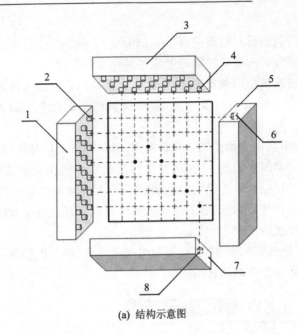

(a) 结构示意图

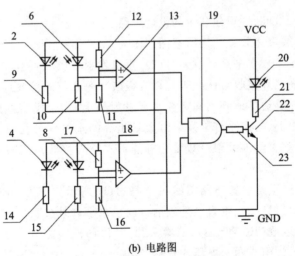

(b) 电路图

图 4.12.1 三维 LED 断层重建装置示意图

4.13 球坐标式光源位置可调装置

电光源是将电能转化为光能的设备。它的产生促进了电力设备的建设。电光源的转换效率高,电能供给稳定,控制和使用方便,安全可靠,并可方便地用仪表计数耗能,故在其问世后一百多年中,很快得到了普及。它不仅成为人类日常生活的必需品,而且在工业、农业、交通运输以及国防和科学研究中,都发挥了重要作用。

现有光源的位置是固定的。球坐标式光源位置可调装置,可使电光源在一球形范围内移动位置。这种装置用于广场、车站等场所时可增加趣味性和观赏性。

下面介绍球坐标式光源位置可调装置的设计思路。

球坐标式光源位置可调装置结构示意图如图 4.13.1 所示。球坐标式光源位置可调装置由支架(1)、第一电动机(2)、竖直转动轴(3)、圆形轨道(4)、圆形轨道凹槽(5)、第二电动机(6)、径向滑轨(7)、定滑轮(8)、电光源(9)、钢索(10)、第三电动机(11)组成。

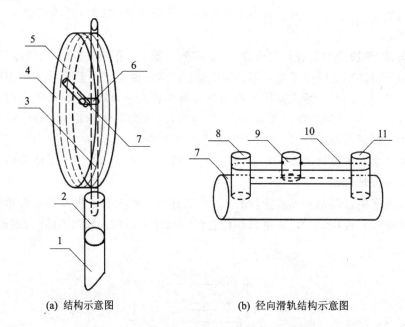

(a) 结构示意图　　　　　　　　(b) 径向滑轨结构示意图

图 4.13.1　球坐标式光源位置可调装置示意图

该装置结构示意图如图 4.13.1(a)所示。第一电动机固定在支架的上端,竖直转动轴固定在第一电动机的转轴上并可绕竖直位置自由转动,圆形轨道对称地焊接在竖直转动轴上,两处焊接点位于竖直转动轴的两端并处于圆形轨道一个直径的两端,圆形轨道内侧开有圆形轨道凹槽,第二电动机固定于竖直转动轴上并位于圆形轨道的中心。

球坐标式光源位置可调装置径向滑轨结构示意图如图 4.13.1(b)所示,径向滑轨的一端固定在第二电动机的转动轴上,另一端放入圆形轨道凹槽,可在竖直平面内以第二电动机的转动轴为中心自由转动;定滑轮固定于径向滑轨上位于放入圆形轨道凹槽的一端;电光源放入径向滑轨上并可自由移动位置;第三电动机固定于径向滑轨的另一端;钢索的一端焊接电光源的一侧,绕过定滑轮返回再绕过第三电动机的转轴后焊接电光源的另一侧。

使用时,圆形轨道可绕竖直转动轴转动,径向滑轨可在竖直平面内以第二电动机的转动轴为中心自由转动,电光源可在径向滑轨上自由移动,因此,电光源可在一球形范围内移动位置。

4.14 多人电子听诊器

听诊器,是内、外、妇、儿医师最常用的诊断用具,是医师的标志,现代医学即始于听诊器的发明。听诊器自从被应用于临床以来,外形及传音方式在不断地改进,但其基本结构变化不大,主要由拾音部分(胸件)、传导部分(胶管)及听音部分(耳件)组成。

目前,听诊器的类型有单用听诊器、双用听诊器、三用听诊器、立式听诊器、多用听诊器以及最新出现的电子听诊器;其颜色也有多种颜色。一般由听头的不同组合分成多种类型。扁形听诊头常用于听诊高音调杂音大小;双功能扁形听头用于探测低频心音、扩张音和第三音以及第一、第二心音,已经能听到小儿的心音。钟形听诊头常用于听诊低音调高杂音,可以听到腹中的婴儿心跳。表式听诊头,常用于听诊手腕的脉搏声响。本设计的多人电子听诊器供会诊、学生实习使用。下面介绍多人电子听诊器的设计思路。

多人电子听诊器结构示意图如图4.14.1所示。多人电子听诊器由听诊器外壳(1)、测试面(2)、传声面(3)、压电薄膜传感器(4)、扬声器(5)、放大电路(6)组成。

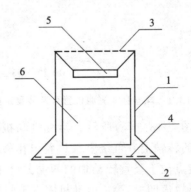

图4.14.1 多人电子听诊器结构示意图

听诊器外壳由圆台的侧面和圆柱的侧面结合而成,由金属材料制成,具有一定的刚性,其下底面是测试面;测试面由金属材料制成,具有一定的弹性;听诊器外壳的上底面是传声面;传声面上开有多个小孔,这些小孔用来使扬声器的声音传出;在测试面的内侧粘贴压电薄膜传感器;压电薄膜传感器是一种振动传感器,把人体某一部位的振动转变为电压信号传给放大电路;在传声面的内侧固定扬声器,在压电薄膜传感器和扬声器之间放置放大电路。

多人电子听诊器放大电路示意图如图 4.14.2 所示。放大电路(6)由可变电阻(6-1)、集成运放(6-2)、2个电容(6-3)和(6-4)、电阻(6-5)、电源(6-6)组成。

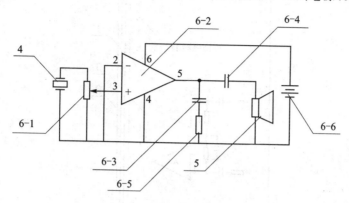

图 4.14.2　多人电子听诊器放大电路示意图

压电薄膜传感器的两个输出端连在可变电阻的两端,可变电阻的移动抽头接集成运放的引脚 3,集成运放的引脚 6 接电源正极,引脚 5 与电容(6-3)、电容(6-4)的一端相连,电容(6-3)的另一端串联电阻后接电源的负极,电容(6-4)的另一端接扬声器的一端,压电薄膜传感器的一端、可变电阻的一端、集成运放的引脚 2、集成运放的引脚 4、扬声器的另一端均与电源的负极相连。

在给病人检查时,将多人电子听诊器的测试面与需检查的部位接触,人体的振动由测试面传给压电薄膜传感器,压电薄膜传感器把振动转化为电压信号,经放大电路放大后使扬声器发声。在会诊及学生实习指导时使用这种听诊器尤为方便。

4.15　实物电路书

纸板又称板纸,是由各种纸浆加工成的、纤维相互交织组成的厚纸页。纸板与纸通常以定量和厚度来区分,一般将定量超过 $200\ \mathrm{g/m^2}$、厚度大于 $0.5\ \mathrm{mm}$ 的称为纸板。

电子电路表面组装技术称为表面贴装或表面安装技术。它是一种将无脚或短引线表面组装元器件安装在印制电路板的表面或其他基板的表面上,通过再流焊或浸焊等方法加以焊接组装的电路装连技术。

下面介绍实物电路书的设计思路。

实物电路书结构示意图如图 4.15.1 所示。实物电路书由书页(1)、电子元件(2)、导线(3)、文字(4)组成。

书页使用白纸板,电子元件和导线部分嵌入书页中,文字印刷在书页的空白处,电子元件使用贴片元件,导线使用细铜线或印刷电路。

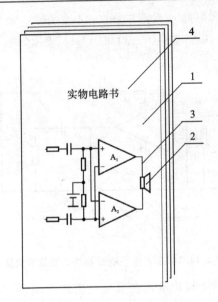

图 4.15.1　实物电路书结构示意图

4.16　应变式数显风速仪

　　在对气象学越加重视的今天,气象数据的采集更显重要。风速是气象数据中的一个重要参数,对它的测量将会极大地影响气象预报的准确性。同时,风速、风力的测量在某些行业,譬如煤炭、飞机、汽车、电力等都十分重要。目前的风速仪主要有风杯风速计、热线风速计、声学风速计三种。

　　风杯风速计是最常见的一种风速计。转杯式风速计最早由英国鲁宾孙发明,当时是四杯,后来改用三杯。三个互成角度固定在架子上的抛物形或半球形的空杯都顺一面,整个架子连同风杯装在一个可以自由转动的轴上。在风力的作用下风杯绕轴旋转,其转速正比于风速。转速可以用电触点、测速发电机或光电计数器等记录。

　　热线风速计有一根被电流加热的金属丝,流动的空气使它散热,利用散热速率与风速的平方根呈线性关系,再通过电子线路线性化(以便于刻度和读数),即可制成热线风速计。热线风速计分旁热式和直热式两种。旁热式的热线一般为锰铜丝,其电阻温度系数近于零,它的表面另置有测温元件。直热式的热线多为铂丝,在测量风速的同时可以直接测定热线本身的温度。热线风速计在小风速时灵敏度较高,适用于测量小风速。它的时间常数只有百分之几秒,是大气湍流和农业气象测量的重要工具。

　　声学风速计的原理是在声波传播方向的风速分量将增加(或减低)声波传播速度,利用这种特性制作的声学风速计可用来测量风速分量。声学风速计至少有两对感应元件,每对包括发声器和接收器各一个。使两个发声器的声波传播方向相反,如果一组声波顺着风速分量传播,另一组恰好逆风传播,则两个接收器收到声脉冲的时间差值将与风速分量成正比。如果同时在水平和铅直方向各装上两对元件,就可以分别计算出水平风速、风向和铅直风速。由于超声波具有抗干扰、方向性好的优点,声学风速计发射的声波频率多在超声波段。

金属应变片有丝状应变片和金属箔状应变片两种。通常是将应变片通过特殊的黏合剂紧密地粘合在产生力学应变的基体上,当基体受力发生应力变化时,电阻应变片也一起产生形变,使应变片的阻值发生改变,从而使加在电阻上的电压发生变化。这种变化可通过电桥放大,再输出到检测仪表。应变式数显风速仪目的在于用金属应变片实现风速的测量。

下面介绍应变式数显风速仪的设计思路。

应变式数显风速仪结构示意图如图 4.16.1 所示。应变式数显风速仪由外壳(1)、手柄(2)、LCD 显示屏(3)、金属应变片(4)、电源(5)和信号调理模块(6)组成。

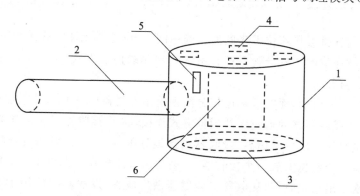

图 4.16.1　应变式数显风速仪结构示意图

外壳是一个圆柱形壳体,其侧表面安装手柄,下表面外侧安装 LCD 显示屏,上表面内侧粘合金属应变片,外壳的内部安装电源和信号调理模块。外壳由金属材料制成,其侧面和下表面具有一定的刚性,上表面具有一定的弹性。金属应变片共有四个,这四个金属应变片接成惠更斯桥式电路,其两个对角线点接入电源的正负极,另两个对角线点把输出电压送入信号调理模块。

应变式数显风速仪信号传递示意图如图 4.16.2 所示。信号调理模块(6)由放大电路(6-1)、A/D 转换电路(6-2)由单片机(6-3)组成。

金属应变片送出的弱电压信号送入放大电路放大后送入 A/D 转换电路变为数字信号,A/D 转换电路输出的数字信号送入单片机,通过编程,单片机输出 LCD 显示屏的控制信号。

使用时,将外壳上表面对准风向,从其下表面外侧 LCD 显示屏上读取风速。

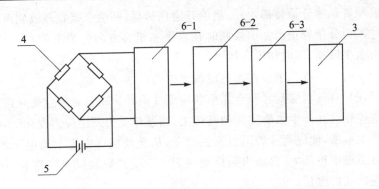

图 4.16.2　应变式数显风速仪信号传递示意图

4.17　无线考场座位分配系统

针对提前安排考场座位带来的安全隐患问题,设计了一种能够在考生入场时,即时地进行考场座位的随机分配系统。系统使用无线传输方式,可以即时地进行考场座位的随机排列。

如图 4.17.1 所示,无线考场座位分配系统由发射器(1)一个、接收器(2)30 个构成。发射器与接收器之间通过无线通信方式连接,30 个接收器对应标准考场的 30 个座位,用于接收显示座位号信息,接收器内部地址编为 1~30,当随机分配考场座位时,事先将每一个座位安放一个接收器,发射器由单片机在内部将 1~30 数字随机排序,然后依次发出给接收器,接收器对发射器做出应答,发射器中使用 12864 液晶可以查看接收情况,判断分配是否正常。

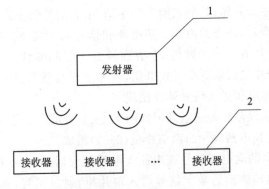

图 4.17.1　系统结构

如图 4.17.2 所示,无线考场座位分配系统的发射器(1)电路中包含单片机(1-1)、12864 液晶(1-2)、射频模块(1-6)、按键 1(1-3)、按键 2(1-4) 和电池(1-5)。单片机采集键盘信息,按键 1 用于控制产生随机序列,按键 2 用于控制发射座位信息,

12864 用于信息的显示,单片机控制射频模块的信息接收和发送,电池座中电池可以更换。

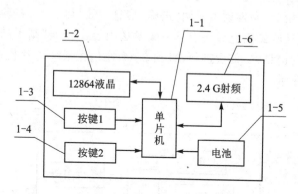

图 4.17.2　发射器的电路原理

如图 4.17.3 所示,无线考场座位分配系统的接收器(2)包含点阵显示屏(2-1)、控制电路(2-2)、金属架体(2-3)、压力传感器(2-4)、螺纹夹(2-5)。点阵显示屏与控制电路封装为一体,与金属架体硬性连接,压力传感器位于螺纹夹上端点下部,通过导线与控制电路连接,螺纹夹的作用是便于接收器安放到桌面上,夹紧后压力传感器将产生信号启动接收器工作,如工作过程中松动(人为故意拆卸),压力传感器将感知并通过接收器发送信号到发射器,利用液晶闪动提示报警。

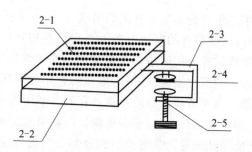

图 4.17.3　接收器结构

如图 4.17.4 所示,无线考场座位分配系统的接收器(2)电路中包含单片机(2-2-1)、点阵显示屏(2-1)、射频模块(2-2-2)、调理电路(2-2-3)、压力传感器(2-4)和电池(2-2-4),单片机控制点阵显示屏显示座位号,同时控制射频模块的信息收发,电池座中电池可以更换,压力传感器用于产生启动的允许信号及检测工作过程中的松动情况。

实施过程,在考试之前将 30 个接收器安装在考桌上,考生入场前打开接收器电源,使用发射器产生 1～30 之间数字随机排列顺序,发射器采用广播方式发送信息,将信息打包成帧发送,帧格式为:码头＋地址＋信息＋校验。其中,码头用于识别是否为有效通信信号,地址用于发送目的地的标识,信息是要发送的座位号,校验用于校验本帧数据的正确性。接收器通过识别通信的地址确定接收到的信息是否属于自己,"是"则存储并校验,向发射器返回"正确"信息;"否"则丢弃,校验错误则返回"错误"信息。发射器接收到信息后决定下一次发送内容,"错误"则重新发送,"正确"则发送下一位数字的信息帧,依次进行,直到 30 个通信完成。单片机控制 12864 液晶用于状态信息的显示。

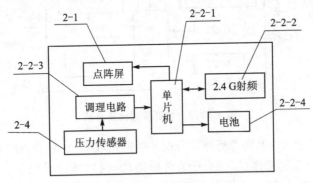

图 4.17.4　接收器的电路原理

4.18　试卷定时保密箱

考试试卷的保密工作进行起来一直都很困难,由于考试利益的增大,很多考试中出现了试题泄露事件,这些事件的发生很多都是在试卷的运输和存放过程中监管不严和内部人员提前盗取试卷上的试题信息造成的。为了维护考试的公平性,防止考题泄露给招考部门带来的巨大损失,如何有效地防止试题在运输和存放期内泄露已成为亟待解决的问题。由于考前试卷的运输和存放大多用纸箱、纸袋加封的形式,很容易被提前打开,而不易发现,不能很好地保护试题信息。考试后试卷的回收也采用封条的形式,也不能保证试卷回收的及时性及回收后的安全性。针对试卷运输存放过程中的保密问题设计了一种试卷专用存放设备。

试卷定时保密箱结构如图 4.18.1 所示。它包含箱子壳体(1)、电动锁(2)、手动锁(3)、控制电路(4)、锁环(5)、锁环孔(6)、手动锁开关滑块(7)、红外接收口(8)、指示灯(9)构成。

电动锁、手动锁、控制电路固定在箱子壳体内部前方;锁环共有 3 个固定在箱子盖上;锁环孔共有 3 个位于箱子前部上方。箱子盖上时,锁环刚好进入锁环孔,手动锁共有 2 个分别与两个手动锁开关滑块硬质连接,通过弹簧固定在箱子两侧,红外接收口、指示灯嵌于箱子前面。手动锁可以利用手动锁开关滑块开启,电动锁与控制电路由导线连接,在已设定日期的两个特定时间段自动打开,或者接收红外开锁指令开锁。

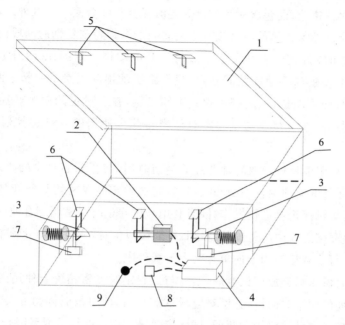

图 4.18.1　试卷定时保密箱结构

　　试卷定时保密箱内部控制电路(4)原理图如图 4.18.2 所示。控制电路(4)包含单片机(4-1)、存储芯片(4-2)、时钟芯片(4-3)、串行下载接口(4-4)、驱动电路(4-5)、红外接收电路(4-6)、电源(4-7)和蜂鸣器(4-8)。

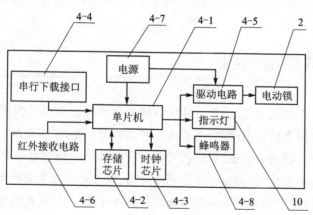

图 4.18.2　控制电路(4)原理图

　　使用存储芯片存储开锁的特定日期时间段信息,使用单片机设置、读取时钟芯片信息、在开锁的特定日期时间段打开电动锁,并控制指示灯和蜂鸣器提示信息。红外接收电路用于更改开锁的特定日期时间段和接收红外开锁指令,串行下载接口用于下载程序到单片机。

电子创新设计

试卷定时保密箱,还包含一个与试卷定时保密箱配合使用的红外遥控器,可以设定时间段结合试卷保密箱的红外接收电路将新的开锁特定日期时间段信息存储到存储芯片中,并可以发送红外开锁指令随时打开电动锁。如图 4.18.1 所示,试卷定时保密箱由电动锁和手动锁共同锁定,只需将手动锁开关滑块向箱子两侧滑动,压缩弹簧即可打开手动锁,电动锁由控制电路控制,在已设定的两个开锁的特定日期时间段自动打开,或者接收与试卷定时保密箱配合使用的红外遥控器的开锁指令打开。

使用时,利用单片机读取时钟芯片的当前时间,与存储芯片中的时间信息比较,时间符合则开启电动锁锁舌缩回 60 s,可以将试卷定时保密箱打开,时间一过,锁舌马上吐出,无法对保密箱进行操作,同时利用与试卷定时保密箱配合使用的红外遥控器,可以更改存储芯片中的开锁的特定日期时间段信息,或者发出开锁指令将电动锁打开 60 s,串行下载接口用于向单片机中下载程序。

试卷定时保密箱存放好试卷后,通过与试卷定时保密箱配合使用的红外遥控器设置考试日期的两个时间段,分别对应考试前和后,前每段时间为 60 s,在此段时间内控制电路控制电动锁将锁舌收回,试卷定时保密箱可以打开或者闭合,60 s 后锁舌弹出,试卷定时保密箱只能保持原开启或关闭状态,监考人员必须在第一个电动锁锁舌收回的 60 s 内取出试卷,并在第二个 60 s 内将试卷放回试卷定时保密箱内,否则将不能及时取出试卷或者回收试卷后无法锁定试卷定时保密箱。当试卷回送后,可以通过与试卷定时保密箱配合使用的红外遥控器随时打开试卷定时保密箱取出试卷评阅。

96

4.19　便携式温指器

本设计属于考试用品领域,是一种能够增强指静脉血流信号强度的便携式温指器。当今社会各种考试日益增多,为了增加考试的安全性,很多考试使用指静脉验证仪进行考生身份的识别和认证,但是在考前进行指静脉验证过程中常出现不能及时快速地通过验证的现象,原因是考生的手指干燥、温度低导致指静脉血流信号弱。针对这一问题,解决的方法是对手指进行加温和加湿处理,来增强血流信号。考生使用便携式温指器可以在静脉验证之前对手指进行加温和加湿,改善血流信号,避免由于信号弱不能通过静脉验证的情况。

便携式温指器结构如图 4.19.1 所示,包含软塑料指套(1)、电热丝(2)、内壁海绵(3)、供电手环(4)、温度控制器(5)、电池组(6)。电热丝缠绕于内壁海绵外侧,通过导线与供电手环相连,电池组和温度控制器都嵌入供电手环中。

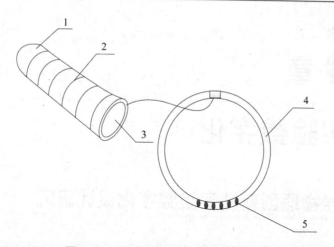

图 4.19.1　一种便携式温指器的结构图

　　使用前,先将内壁海绵中加适量水,使内壁海绵湿润,然后打开供电手环电源,通过电热丝对海绵加热,温度控制器将内壁海绵温度控制在 50 ℃ 左右,使用者将手指伸入软塑料指套的指孔中,手指与海绵接触一段时间后,可以增加手指的温湿度,进而改善指静脉的血流强度,供电手环可以戴在手腕上,有较好的便携性。

第**5**章

物理实验数字化

5.1 大学物理创新性实验数字化设计研究

数字化的关键是把被测物理量转换为电压或电流信号,在涉及体积、面积、长度、角度的测量时,通过电阻丝转换被测量是一种最为简单的方法。运用电阻丝可以设计数显卡尺、数字式测角仪、薄凸透镜焦距电子测量装置、反射式棱镜单色仪的定标装置等拓展性、创新性实验。例如,在进行反射式棱镜单色仪定标实验设计时,关键是确定从出射缝隙射出的光与棱镜转动角度的对应关系。棱镜转动角度即转台转动的角度,传统的方法是在鼓轮上刻有均匀的分度线来显示角度值,现引入圆形电阻丝,通过分压法将对应的角度值转化为电压信号来处理,可自动显示棱镜转动角度与出射光之间的关系。电阻丝设计的反射式棱镜单色仪定标装置结构示意图如图5.1.1所示。

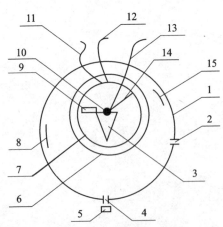

图 5.1.1 反射式棱镜单色仪定标装置结构示意图

反射式棱镜单色仪定标装置包括:单色仪外壳(1)、入射缝(2)、棱镜(3)、出射缝(4)、光电池(5)、转台(6)、电阻丝(7)、准直凹面反射镜(8)、平面反射镜(9)、转轴(10)、第一导线(11)、第二导线(12)、第三导线(13)、金属片(14)、聚焦凹面反射镜

(15)，此外还需要电源、放大器、单片机和 12864 液晶显示器。

　　从单色仪外壳内部的下底面上呈圆形嵌入一根电阻丝，在电阻丝上面放置转台；转台的中心与电阻丝所成圆形的中心重合，其半径大于电阻丝所成圆形的半径；单色仪外壳底面打一个圆孔；转轴垂直于单色仪外壳底面放入并固定在转台的中心，转轴由金属材料制成；金属片沿径向嵌入转台的下面，其一端焊接在转轴上，另一端压在电阻丝上并紧密接触；转轴可带动金属片与转台一起转动；棱镜和平面反射镜固定在转台的上面；从电阻丝的一端引出第一导线、从电阻丝的另一端引出第二导线、从转轴上引出第三导线；光电池放置在出射缝的外面，其正面紧贴出射缝；电源的正极接第一导线，负极接第二导线；第三导线的输出送入单片机；光电池的输出送入放大器；放大器的输出送入单片机；单片机将处理结果送入 12864 液晶显示器显示。

　　使用时，复色光从入射缝入射，经过准直凹面反射镜、平面反射镜、棱镜、聚焦凹面反射镜作用后，从出射缝中射出的为一频率范围很窄的单色光；出射单色光的波长与棱镜转动的角度有关，转动转轴时，转台、棱镜、平面反射镜、金属片跟着一起转动，第三导线分出的电压随之变化，光电池的输出电压也随之变化，单片机将处理结果送入 12864 液晶显示器，12864 液晶显示器即可显示出射光与棱镜转动的角度的关系。

　　要想把不同的物理量转换为电压信号，就需要灵活地选取传感器，合适的传感器可以使设计的装置结构简单、使用方便、性能可靠、造价低廉。固体密度实验中测量和计算比较费时，在对其电化改造的过程中，采用压力传感器和超声传感器设计了固体密度的电子测量方案，可自动显示出固体密度的测量结果。

　　固体密度的电子测量装置结构示意图如图 5.1.2 所示。固体密度的电子测量装置包括：铁架台(1)、烧杯(2)、压力传感器(3)、水(4)、待测固体(5)、超声波发射探头(6)和超声波接收探头(7)，此外还有单片机和 LCD 液晶显示器。

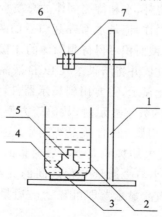

图 5.1.2　固体密度的电子测量装置结构示意图

　　压力传感器放置在铁架台的底座上,烧杯放置在压力传感器上,水中浸入待测固体,铁架台的横杆上固定超声波发射探头和超声波接收探头,超声波发射探头、超声波接收探头和压力传感器分别接入单片机,单片机将处理结果送入 LCD 液晶显示器显示。

　　固体密度的电子测量信号处理框图如图 5.1.3 所示。超声波测距的原理为超声波发射探头在某一时刻发出一个超声波信号,当这个超声波遇到水面后反射回来,就被超声波接收探头接收到。这样,只要计算出从发出超声波信号到接收到返回信号所用的时间,即可算出超声波发射探头与反射物体的距离。在启动发射电路的同时启动单片机内部的定时器 T0,利用定时器的计数功能记录超声波发射的时间和收到反射波的时间。当收到超声波的反射波时,接收电路输出端产生一个负跳变,在 INT0 或 INT1 端产生一个中断请求信号,单片机响应外部中断请求,执行外部中断服务子程序,读取时间差,计算距离。

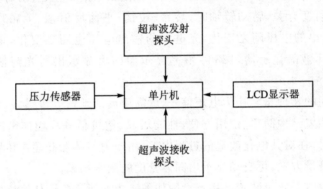

图 5.1.3　固体密度的电子测量信号处理框图

　　测量时,当水中没有浸入待测固体时,由压力传感器测量一次烧杯和水的质量,浸入待测固体后再测量一次烧杯、水和待测固体的总质量,分别存入单片机中并计算差值得到待测固体的质量。同样,记录水面升高前后的距离,求出差值,得到水面上升的高度,此高度乘以烧杯的截面积可得待测固体的体积,从而可以求出待测固体的密度。以上工作均由单片机完成并将结果送入 LCD 液晶显示器显示。

　　要想完成测量值的数字化显示,需要用到显示器件,常用的显示器件有数码管、LCD 液晶显示器等。在简单的数字显示时,数码管方便易用,而对于需要显示图形和变化曲线的情况,就需要使用如 12864 液晶等能显示图形曲线的显示器件。

　　在电磁感应现象中,感应电动势的大小与磁通量的变化有关,传统的实验只能定性地反映感应电动势的大小与磁通量变化之间的关系;而使用霍尔元件对磁场进行测量,然后使用 12864 液晶显示器即可显示磁通量与感应电动势变化的关系曲线。

　　电磁感应现象验证仪结构示意图如图 5.1.4 所示。电磁感应现象验证仪包括:圆筒(1)、霍尔元件(2)、线圈(3)和磁铁棒(4),此外还有电源、单片机、放大器和

12864 液晶显示器。霍尔元件有两个输出端子和两个输入端子,霍尔元件嵌入圆筒的内壁;线圈缠在圆筒的外侧;磁铁棒可在圆筒内沿轴向运动;电源同时为霍尔元件、单片机和放大器提供电能,其正负极分别接入霍尔元件的两个输入端子;霍尔元件的两个输出端子送入放大器。

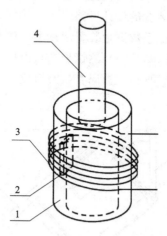

图 5.1.4　电磁感应现象验证仪结构示意图

　　使用时,手持磁铁棒在圆筒内以不同速度上下运动,根据电磁感应现象,线圈输出感应电动势,线圈和放大器的输出送入单片机,单片机将处理结果送入 12864 液晶显示器即可显示磁通量和感应电动势变化的关系曲线。电磁感应现象验证仪信号处理框图如图 5.1.5 所示。

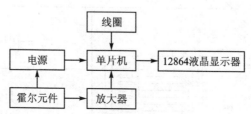

图 5.1.5　电磁感应现象验证仪信号处理框图

　　在实验的研究与探索过程中,实验工具和实验手段的创新研究是值得关注的,对现有物理实验进行研究和电化改造的过程,是师生互动进行创新的过程,总的思路是:首先选择合适的传感器将被测量转换成电量,然后通过调理电路对其进行放大和整理,最后使用电子设计的方法将信号取回微控制器,最终选择合适的显示器件显示结果。物理类实验大多可以沿此思路进行改造设计。本设计结合几个例证说明了实验工具在电化改造中的一些创新思路及设计方法,在我院大学物理课拓展性、创新性实验研究中取得了很好的教学效果。在实验设计过程中,有效地调动了学生的积极性,扩展了知识面,在实验研究的创新改革中,物理实验的数字化研究是值得探索的方向。

5.2　滑动摩擦系数测量装置

滑动摩擦系数测量装置,可用于自动显示两个物体间滑动摩擦系数的测量结果。下面介绍滑动摩擦系数测量装置的设计思路。

图 5.2.1 所示为滑动摩擦系数测量装置示意图。滑动摩擦系数测量装置由竖直板(1)、电阻丝(2)、金属球(3)、基板(4)、测试板(5)、滑块(6)、把手(7)、支架(8)、转轴(9)、单片机最小系统(10)、电源(11)、数码管(12)组成。

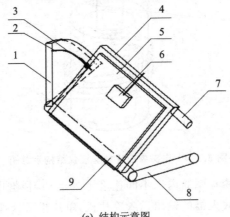

(a) 结构示意图

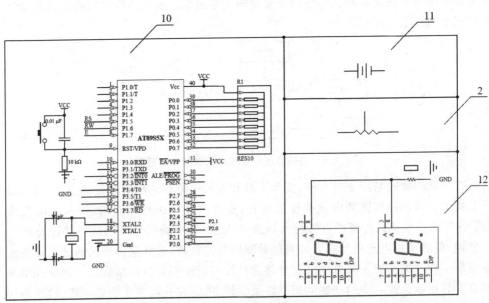

(b) 电路连接示意图

图 5.2.1　滑动摩擦系数测量装置示意图

滑动摩擦系数测量装置结构如图 5.2.1(a)所示。转轴放置于水平面上,把手安装在基板的右上方,基板可绕转轴转动,支架的一端固定在转轴的右端并与转轴垂直;竖直板是中心角为 90° 的扇形(四分之一圆),其垂直于水平面放置,圆心处固定在转轴的左端;电阻丝呈弧形嵌入竖直板的右侧;金属球嵌入基板的左边,当基板绕转轴转动时,金属球在电阻丝上滑动并保持紧密接触;测试板放置于基板的上面;滑块放置于测试板的上面;单片机最小系统、电源、数码管焊接在电路板上。

滑动摩擦系数测量装置电路连接示结构如图 5.2.1(b)所示。其中,电源提供 5 V 直流电。单片机最小系统包括单片机、P0 口上拉电阻、时钟电路和复位电路,其中的单片机有 40 个引脚;电源正极接单片机的引脚 40,负极接单片机的引脚 20;单片机最小系统中的单片机内部具有模拟/数字转换器。

电阻丝两端分别连接电源的正极和负极;金属球是一个触点,连接单片机的引脚 39;数码管有两个,每个都有 10 个引脚,它们的引脚 8 连接在一起串联一个电阻后接电源的负极,一个数码管的引脚 1、2、4、5、6、7、9、10 分别依次接入单片机的引脚 1、2、3、4、5、6、7、8,另一个数码管的相应引脚分别依次接入单片机的引脚 21、22、23、24、25、26、27、28。

当物体沿倾角为 a 的斜面匀速下滑时,物体与斜面的滑动摩擦系数 $b = \tan(a)$,假设加在电阻丝两端的电源电压为 E,当基板绕转轴转动时,触点金属球输出的电压 U 随之改变,设电阻丝的长度为 L_0,基板从平面开始绕转轴转动时金属球划过的弧长为 L_x,则有:

$$\frac{L_x}{L_0} = \frac{U}{E} = \frac{2a}{\pi}, \quad a = \frac{U\pi}{2E}, \quad b = \tan\left(\frac{U\pi}{2E}\right)$$

使用时,单片机根据触点金属球输出的电压 U,计算出物体与斜面的滑动摩擦系数 b 并送入数码管显示。当我们需要测量不同物体间的滑动摩擦系数时,只需要更换不同的测试板和滑块即可,数码管自动显示两个物体间滑动摩擦系数的测量结果。

5.3　非接触式电流测定装置

霍尔传感器是根据霍尔效应制作的一种磁场传感器。利用这现象制成的各种霍尔元件,广泛应用于工业自动化技术、检测技术及信息处理等方面。霍尔效应是研究半导体材料性能的基本方法。一个霍尔元件一般有四个引出端子,其中两个是霍尔元件的偏置电流的输入端,另两个是霍尔电压的输出端。霍尔电压随磁场强度的变化而变化,磁场越强,电压越高,磁场越弱,电压越低。霍尔电压值很小,通常只有几毫伏,但经集成电路中的放大器放大,就能使该电压放大到足以输出较强的信号。

传统的电流测量使用电流表,在测量过程中需把电流表串入测量电路中,测量比较麻烦,现引入霍尔元件和单片机进行辅助测量。非接触式电流测定装置,可自动显示被测导线中流过的电流。

下面是非接触式电流测定装置的设计思路。

非接触式电流测定装置结构示意图如图 5.3.1 所示。非接触式电流测定装置由外壳(1)、电源(2)、扳机(3)、被测导线(4)、霍尔元件(5)、放大器(6)、单片机(7)、LCD液晶显示器(8)组成。

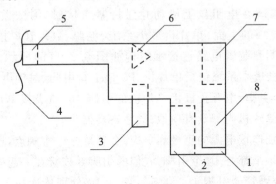

图 5.3.1　非接触式电流测定装置结构示意图

外壳形状为手枪形,枪口外紧贴被测导线;电源、霍尔元件、放大器、单片机都固定于外壳的内部;霍尔元件位于枪口处,有两个输出端子和两个输入端子;LCD液晶显示器嵌入在外壳的外表面上,电源同时为霍尔元件、放大器和单片机提供电能,扳机是一个单刀双掷开关。

非接触式电流测定装置信号处理方框图如图 5.3.2 所示。电源的正极接扳机的一端,扳机的另一端接霍尔元件的一个输入端子,电源的负极接霍尔元件的另一个输入端子,霍尔元件的两个输出端子输出的电压信号送入放大器,放大器的输出信号送入单片机,单片机将处理结果送入 LCD 液晶显示器显示。

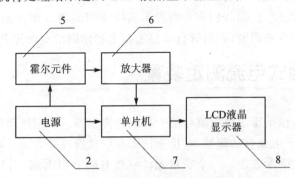

图 5.3.2　非接触式电流测定装置信号处理方框图

霍尔元件输出的霍尔电压为 $U_H = K_H I B$,其中 K_H 为霍尔元件的灵敏度;I 为激励电流,由电源的正负极接入霍尔元件的两个输入端子产生;B 为磁感应强度,由被测导线通过的电流产生,当被测导线通过的电流发生变化时,它产生磁场的磁感应强度 B 也发生变化,其关系满足毕奥萨伐尔定律。在测量过程中,K_H 和 I 的大小是确定的,其数值可预先存入单片机中,霍尔元件的两个输出端子输出的电压信号 U_H 送入单片机,单片机由霍尔电压 U_H 计算出磁感应强度 B ,并用毕奥萨伐尔定律计算出被测导线中通过的电流后,将处理结果送入 LCD 液晶显示器显示。

5.4　人体视觉暂留时间测量装置

人体视觉暂留时间测量装置,通过霍尔元件输出的脉冲电压信号来测量人体视觉暂留时间,可自动显示人体视觉暂留时间测量结果。

下面介绍人体视觉暂留时间测量装置的设计思路。

图 5.4.1 所示为人体视觉暂留时间测量装置示意图。人体视觉暂留时间测量装置由暗盒(1)、转台(2)、电动机(3)、激光笔(4)、磁铁(5)、霍尔元件(6)、屏幕(7)、透光孔(8)、单片机(9)、LCD 液晶显示器(10)、电源(11)组成。

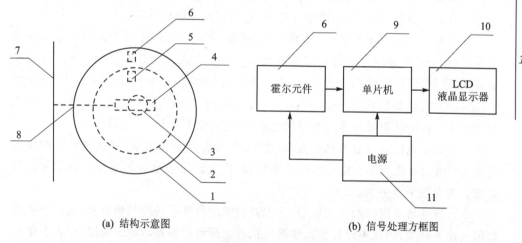

(a) 结构示意图　　　　　　　　　　(b) 信号处理方框图

图 5.4.1　人体视觉暂留时间测量装置示意图

其中,图 5.4.1(a)所示为该装置的结构示意图。暗盒为一柱状中空容器,在其底面外侧的中心处固定电动机;电动机的转轴穿过暗盒底面伸入其内部;转台放置在暗盒内部底面中心处,其中心固定在电动机的转轴上;电动机可带动转台转动;激光笔固定在转台上面中心处;磁铁固定在转台上面的边沿处;激光笔、磁铁和转台一起同步转动;霍尔元件固定在暗盒内部底面上并接近转台的外边沿;暗盒的左侧面开有透光孔;屏幕垂直于地面放置。

图 5.4.1(b)所示为该装置信号处理方框图。霍尔元件有两个输出端子和两个输入端子,电源的正极和负极接入霍尔元件的两个输入端子,电源同时对单片机供电,霍尔元件的两个输出端子输出的脉冲电压信号送入单片机,单片机将处理结果送入 LCD 液晶显示器显示。

测量时,电动机带动转台、激光笔和磁铁一起转动,当电动机转速较慢时,我们在屏幕将看到一个间断的光点,电动机转动的周期就是光点间断的时间。当电动机转动增加到某一速度时,由于人体的视觉暂留现象,我们将在屏幕上看到一个稳定的光点,这时电动机转动的周期就等于人体视觉暂留时间。电动机每转动一周,磁铁和霍尔元件就接近一次,霍尔电压随磁场强度的变化而变化,磁场越强,电压越高,磁场越弱,电压越低。因此,霍尔元件输出的是一个脉冲电压信号,把此信号送入单片机,单片机将处理结果送入 LCD 液晶显示器,即可显示人体视觉暂留时间值。

5.5　马吕斯定律验证装置

偏振片对入射光具有遮蔽和透过的功能,可使纵向光或横向光中的一种透过,另一种被遮蔽。它是由偏振膜、内保护膜、压敏胶层及外保护膜层压而成的复合材料。有黑白和彩色两类,按应用又可分成透射、透反射及反透射三类。

在光路中放入偏振片 P1 作为起偏器,获得振动方向与 P1 透振方向一致的线偏振光,线偏振光的强度为入射自然光强度的一半。在光路中放入偏振片 P2,作为检偏器,其透振方向与 P1 的夹角为 α,透过 P2 的光振幅:$E = E_0(\cos \alpha)$,光强:$I = I_0(\cos \alpha)^2$,这就是马吕斯定律。当 $\alpha = 0°$ 或 $180°$ 时,$I = I_0$,透射光最强;当 $\alpha = 90°$ 或 $270°$ 时,$I = 0$,透射光强为零。当为其他值时,光强介于 0 与 I_0 之间。

为了定量地检测透射光强的大小,在 P2 后放置一个光电池,根据光电池的输出电流 i 与透射光强大小 I 成正比的关系可知,光电池输出电流与偏振片的透振方向夹角 α 为余弦平方关系。

在传统马吕斯定律验证实验中,检偏器转动的角度不易控制和测量,实验结果的处理也较为麻烦,因此本设计引入步进电机自动控制检偏器转动的角度,引入了单片机和 LCD 液晶显示器辅助处理实验结果。设计的马吕斯定律验证装置,可用于马吕斯定律验证。

下面是马吕斯定律验证装置的设计思路。

马吕斯定律验证装置结构示意图如图 5.5.1 所示。马吕斯定律验证装置由支架(1)、激光器(2)、起偏器(3)、检偏器(4)、步进电机(5)、光电池(6)、单片机(7)、LCD 液晶显示器(8)组成。

支架包括一个底座和四个立柱,底座为长方体,其上垂直固定四个立柱;激光器、起偏器、步进电机和光电池分别固定在支架的四个立柱顶端;检偏器固定在步进电机的转轴上;激光器发出的激光穿过起偏器、检偏器和光电池的中心;光电池输出的电压信号送入单片机;单片机将处理结果送入 LCD 液晶显示器显示。

使用时,由单片机控制步进电机的转角,每隔 10°(或 15°)发生一次变化,角度的变化范围在 0°～90°,每一次角度变化后,光电池输出的电压信号送入单片机,单片机将处理结果送入 LCD 液晶显示器显示。通过 LCD 液晶显示器显示的相对光强值大小,即可验证马吕斯定律的正确性。

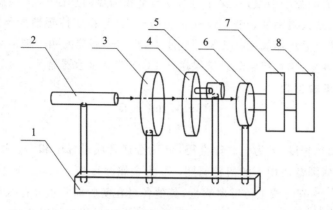

图 5.5.1　马吕斯定律验证装置结构示意图

5.6　金属丝切变模量测量装置

金属丝切变模量测量装置,可自动显示金属丝切变模量测量结果。下面介绍金属丝切变模量测量装置的设计思路。

金属丝切变模量测量装置结构示意图如图 5.6.1 所示。金属丝切变模量测量装置由支架(1)、第一横杆(2)、霍尔传感器(3)、第二横杆(4)、金属丝(5)、金属环(6)、金属圆盘(7)、永久磁钢(8)、单片机(9)、LCD 液晶显示器(10)组成。

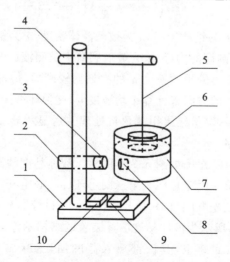

图 5.6.1　金属丝切变模量测量装置结构示意图

支架由底座和垂直于底座的立杆组成;第一横杆和第二横杆的左端固定在支架的立杆上;霍尔传感器固定在第一横杆的右端;金属丝上端固定在第二横杆的右端,下端固定在金属圆盘的中心;金属环的外径与金属圆盘的直径相等,金属环放置在金属圆盘的上面;永久磁钢从金属圆盘的侧表面嵌入,与霍尔传感器处于同一高度;单片机和 LCD 液晶显示器固定在支架的底座上;霍尔传感器的两个输出端子输出的电压信号送入单片机;单片机将处理结果送入 LCD 液晶显示器显示。

金属丝切变模量为

$$G = \frac{16\pi l M (D_1^2 + D_2^2)}{d^4 (T_2^2 - T_1^2)}$$

其中:l 为金属丝长度,d 为金属丝直径,M 为金属环质量,D_1 和 D_2 为金属环内、外直径,T_1 为金属圆盘作用下的扭转周期,T_2 为金属圆盘和金属环共同作用下的扭转周期,T_1 和 T_2 的值由霍尔传感器测量,其他各量在实验前测量并存入单片机中。

实验时,不加金属环和加金属环分别用霍尔传感器测量扭转周期。霍尔传感器的两个输出端子输出的电压信号送入单片机;单片机将处理结果送入 LCD 液晶显示器显示金属丝切变模量值。

5.7　液体粘度的测量装置

用落球法测量液体粘度,用斯托克斯公式可导出理想状态下液体的粘度为

$$\eta = \frac{\left(m - \frac{4}{3}\pi r^3 \rho\right) g}{6\pi r u \left(1 + 2.4 \frac{r}{R}\right)\left(1 + 3.3 \frac{r}{h}\right)}$$

式中:m 为钢球质量,r 为钢球半径,ρ 为被测液体密度,u 为钢球在被测液体中下落的平均速度,R 为玻璃圆筒的内径,h 为玻璃圆筒中被测液面的高度。

上述各量中钢球下落的平均速度 u 的测量比较麻烦,传统的测量方法是用停表测出钢球通过一段距离的时间来计算平均速度 u,这种计算误差较大,现引入两个光电门来对时间进行测量,测量结果用单片机处理并送显示器显示。下面介绍液体粘度测量装置的设计思路。

液体粘度测量装置示意图如图 5.7.1 所示。液体粘度的测量装置由底座(1)、玻璃圆筒(2)、支架(3)、第一固定环(4)、第二固定环(5)、固定杆(6)、投球环(7)、第一光电门(8)、钢球(9)、第二光电门(10)、单片机(11)、LCD 液晶显示器(12)组成。

其中,图 5.7.1(a)所示为液体粘度测量装置的结构示意图。支架垂直固定在底座上;玻璃圆筒放置在底座上,其内部放入蓖麻油,蓖麻油液面距玻璃圆筒上沿 5 cm;第一固定环和第二固定环的内径大于玻璃圆筒的外径,套在玻璃圆筒的外面;第一固定环在玻璃圆筒筒底上方 7 cm 处左端固定在支架上;第二固定环在玻璃圆筒

蓖麻油液面下方 7 cm 处左端固定在支架上;第一光电门固定在第二固定环上,第二光电门固定在第一固定环上,两个光电门的发光装置及接收装置均对准玻璃圆筒的中心轴线;固定杆的左端固定于支架上;投球环的左端固定于固定杆的右端,其中心对准玻璃圆筒的中心轴线;钢球从投球环的上面投入玻璃圆筒的蓖麻油中。

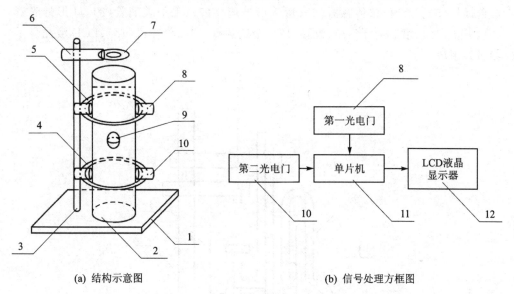

(a) 结构示意图　　　　　　　　　　(b) 信号处理方框图

图 5.7.1　液体粘度的测量装置示意图

　　液体粘度的测量装置信号处理方框图如图 5.7.1(b)所示。第一光电门和第二光电门的输出分别送入单片机;单片机带有模/数转换器,将处理结果送入 LCD 液晶显示器显示。

　　在使用时,钢球质量为 m,半径为 r,被测液体蓖麻油密度为 ρ,玻璃圆筒的内径为 R,其中被测液面的高度 h,第一光电门和第二光电门之间的距离 L 可预先测量并存入单片机中;单片机根据第一光电门和第二光电门的输出信号计算出钢球在两个光电门之间下落的时间 t,由 $u=L/t$ 计算出钢球下落的平均速度 u,由

$$\eta = \frac{\left(m - \dfrac{4}{3}\pi r^3 \rho\right)g}{6\pi r u \left(1 + 2.4\,\dfrac{r}{R}\right)\left(1 + 3.3\,\dfrac{r}{h}\right)}$$

计算液体粘度并将处理结果送入 LCD 液晶显示器显示。

5.8　表面张力系数的电子测量装置

　　光纤位移传感器为传光型光纤传感器,光纤在传感器中起到光的传输作用。光纤位移传感器中有两支多模光纤分别用于光源发射及接收。

水的表面张力系数测量和计算比较麻烦,本设计的表面张力系数的电子测量装置,可自动显示出水的表面张力系数测量结果。下面介绍电子测量装置的设计思路。

图 5.8.1 所示为表面张力系数的电子测量装置示意图。表面张力系数的电子测量装置由铁架台底座(1)、铁架台立杆(2)、第一烧杯(3)、第一铁架台横杆(4)、第二铁架台横杆(5)、光纤位移传感器(6)、弯钩形玻璃棒(7)、毛细玻璃管(8)、U 形虹吸管(9)、夹子(10)、第二烧杯(11)、胶管(12)、金属圆盘(13)、单片机(14)、LCD 液晶显示器(15)组成。

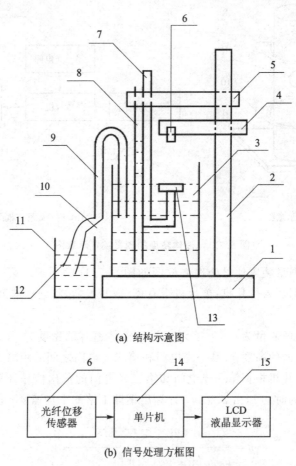

(a) 结构示意图

（b) 信号处理方框图

图 5.8.1　表面张力系数的电子测量装置示意图

其中,图 5.8.1(a)所示为该装置的结构示意图。铁架台立杆垂直固定于铁架台底座上;第一烧杯放置在铁架台底座上,其内部放入水;铁架台立杆上水平固定第一铁架台横杆和第二铁架台横杆;第一铁架台横杆的位置可以上下调节;光纤位移传感器固定于第一铁架台横杆一端;弯钩形玻璃棒的一端固定于第二铁架台横杆上,带有弯钩的一端放入第一烧杯的水中,弯钩形玻璃棒弯钩的上端固定金属圆盘;金属圆盘的中心正对光纤位移传感器;毛细玻璃管的一端固定于第二铁架台横杆上,下部放入第一烧杯的水中;U 形虹吸管的一侧管子放入第一烧杯的水中,另一侧管子接胶管;胶管上夹有一夹子,放入第二烧杯中。

表面张力系数的电子测量装置信号处理方框图如图 5.8.1(b)所示。光纤位移传感器的输出信号送入单片机,单片机将处理结果送入 LCD 液晶显示器显示。

水的表面张力系数为

$$\gamma = \frac{1}{2}\rho g r_1 \left(h + \frac{r_1}{3}\right)\left(1 - \frac{r_1}{r_2 - r_3}\right)$$

式中:ρ 为水的密度,g 为重力加速度,r_1 为毛细玻璃管的内半径,h 为水在毛细玻璃管中上升的高度,r_2 为第一烧杯的内半径,r_3 为毛细玻璃管的外半径。水在毛细玻璃管中上升的高度 h 由光纤位移传感器测量,其他各量在实验前测量并存入单片机中。

测量时,打开夹子使第一烧杯中的水一滴一滴的流入第二烧杯;当第一烧杯中的水面与金属圆盘的上表面重合时,拧紧夹子使第一烧杯中的水面稳定在这一位置;调节第一铁架台横杆的高度,使光纤位移传感器的下表面与毛细玻璃管中水的凹面最低点在一条水平线上,这时光纤位移传感器测量的是水在毛细玻璃管中上升的高度 h;光纤位移传感器的输出信号送入单片机;单片机将处理结果送入 LCD 液晶显示器,即可显示水的表面张力系数值。

5.9　薄凸透镜焦距电子测量装置

透镜是用透明物质制成的表面为部分球面的光学元件。凸透镜——中间厚,边缘薄,有双凸、平凸、凹凸三种;凹透镜——中间薄,边缘厚,有双凹、平凹、凸凹三种。

薄透镜为一种中央部分的厚度与其两面的曲率半径相差很大的透镜。凸透镜成像规律是指物体放在焦点之外,在凸透镜另一侧成倒立的实像,实像有缩小、等大、放大三种,物距越小,像距越大,实像越大。物体放在焦点之内,在凸透镜同一侧成正立放大的虚像,物距越小,像距越小,虚像越小。在光学中,由实际光线汇聚成的像,称为实像,能用光屏呈接;反之,则称为虚像,只能由眼睛感觉。

将平行光线平行于主光轴射入凸透镜,光在透镜的两面经过两次折射后,集中于轴上的一点,此点叫作凸透镜的焦点。凸透镜在镜的两侧各有一个实焦点,如为薄透镜时,这两个焦点至透镜中心的距离大致相等。凸透镜之焦距是指焦点到透镜中心的距离,通常以 f 表示。凸透镜球面半径越小,焦距越短。物体到凸透镜光心的距离称为物距,用 u 表示。物体经凸透镜所成的像到凸透镜光心的距离称为像距,用 v 表示。薄透镜的成像公式为

$$1/u + 1/v = 1/f$$

薄凸透镜焦距的测量可通过测量物距和像距测得,在传统实验中,物距和像距是

用米尺测量的,测量精度差,计算也比较麻烦。本设计的薄凸透镜焦距电子测量装置,可自动显示出薄凸透镜焦距的测量结果。

下面介绍薄凸透镜焦距电子测量装置的设计思路。

图5.9.1所示为薄凸透镜焦距电子测量装置示意图。薄凸透镜焦距电子测量装置由导轨(1)、电阻丝(2)、第一支架(3)、成像屏(4)、第二支架(5)、薄凸透镜(6)、第三支架(7)、蜡烛(8)、第一导线(9)、第二导线(10)、第三导线(11)、第四导线(12)、电源(13)、单片机(14)、LCD液晶显示器(15)组成。

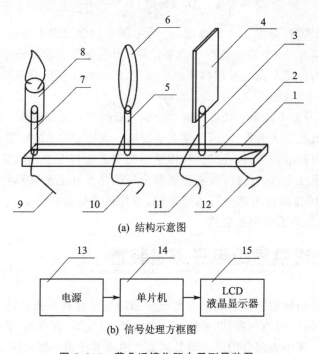

(a) 结构示意图

(b) 信号处理方框图

图5.9.1　薄凸透镜焦距电子测量装置

其中,图5.9.1(a)所示为该装置的结构示意图。电阻丝嵌入导轨上并与导轨的长度相等;第一支架、第二支架和第三支架由金属材料制成,第三支架固定在导轨一端的上方并与电阻丝紧密接触,第一支架和第二支架放置在导轨上并与电阻丝紧密接触,第一支架和第二支架可在导轨上左右移动位置,第二支架的位置介于第一支架和第三支架之间;成像屏固定在第一支架上;薄凸透镜固定在第二支架上;蜡烛固定在第三支架上;从电阻丝的两端引出第一导线和第四导线并分别接电源的正极和负极,从第二支架上引出第二导线,从第一支架上引出第三导线。

薄凸透镜焦距电子测量装置的信号处理方框图如图5.9.1(b)所示。电源为单片机提供电能;第一导线和第二导线之间输出的电压送入单片机,第二导线和第三导线之间输出的电压也送入单片机;单片机将处理结果送入LCD液晶显示器显示。

在实验中,第一导线和第二导线之间输出的电压与物距的大小成正比,第二导线和第三导线之间输出的电压与像距的大小成正比,这两个电压送入单片机;单片机由公式 $1/u+1/v=1/f$(u 为物距,v 为像距)计算出薄凸透镜焦距 f 后即可将处理结果送入 LCD 液晶显示器显示。

5.10　霍尔元件载流子浓度测定装置

霍尔元件载流子浓度与温度有关,传统的实验装置测量和计算比较麻烦,现引入温度传感器和单片机进行辅助测量。设计的霍尔元件载流子浓度测定装置,可自动显示霍尔元件载流子浓度及对应的温度。

下面介绍霍尔元件载流子浓度测定装置的设计思路。

霍尔元件载流子浓度测定装置结构示意图如图 5.10.1 所示。霍尔元件载流子浓度测定装置由螺线管(1)、温度传感器(2)、霍尔元件(3)、直流电源(4)、电阻(5)、单片机(6)、LCD 液晶显示器(7)组成。

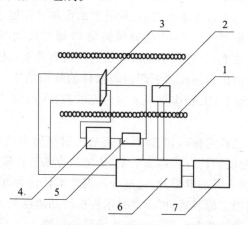

图 5.10.1　霍尔元件载流子浓度测定装置结构示意图

温度传感器和霍尔元件放置在螺线管的内部;直流电源、电阻、单片机和 LCD 液晶显示器放置在螺线管的外部;霍尔元件有两个输出端子和两个输入端子;电源的正极串接电阻后接入霍尔元件的一个输入端子,负极接入霍尔元件的另一个输入端子;霍尔元件的两个输出端子输出的电压信号送入单片机;电阻两端的电压信号送入单片机;温度传感器输出的电压信号也送入单片机;单片机将处理结果送入 LCD 液晶显示器显示。

霍尔元件载流子浓度为

$$n=\frac{U_R B}{RU_H bq}$$

式中:U_R 为电阻两端的电压,R 为电阻,B 为螺线管内部磁场的磁感应强度,U_H 为霍尔元件的两个输出端子输出的电压,b 为霍尔元件的厚度,q 为载流子电荷量。

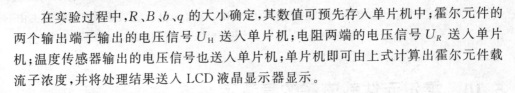

在实验过程中，R、B、b、q 的大小确定，其数值可预先存入单片机中；霍尔元件的两个输出端子输出的电压信号 U_H 送入单片机；电阻两端的电压信号 U_R 送入单片机；温度传感器输出的电压信号也送入单片机；单片机即可由上式计算出霍尔元件载流子浓度，并将处理结果送入 LCD 液晶显示器显示。

5.11 反射式棱镜单色仪的定标装置

单色仪是一种分光仪器，通过色散元件的分光作用，可将复色光分解为单色光。单色仪按采用色散元件的不同，可分为棱镜单色仪和光栅单色仪两大类。反射式棱镜单色仪主要由三部分组成：由入射缝 S1 和凹面镜 M1 组成入射准直系统，以产生平行光束；由玻璃棱镜 P 组成色散系统，在它的旁边还附有一块平面反射镜 M，由凹面镜 M2 和出射缝 S2 组成出射聚光系统，将棱镜分出的单色平行光汇聚在出射缝上。其中，平面镜 M 和棱镜可以一起绕 O 轴转动，而此轴通过棱镜底边的中点。对以最小偏向通过棱镜的平行光束而言，这种装置的作用可以使入射到平面镜 M 的光束与从棱镜出射的光束平行。于是，随着棱镜绕 O 轴的转动，以最小偏向通过棱镜的光束的波长也随着改变，但它们总是恰好成像在出射缝上，这样即可获得不同波长的单色光。棱镜的转动机构与仪器下部转动轴杆的鼓轮相连，在鼓轮上刻有均匀的分度线，鼓轮上每一读数 TT 相应于一个出射光的波长（λ）值，TT - λ 关系曲线称为单色仪的定标曲线。

用反射式棱镜单色仪定标时，关键是确定从出射缝射出的光与棱镜转动角度的对应关系，棱镜转动角度即转台转动的角度，传统的方法是在鼓轮上刻有均匀的分度线来显示角度值，现引入圆形电阻丝，通过分压把角度转化为电压信号来处理。设计的反射式棱镜单色仪的定标装置，可自动显示棱镜转动角度与出射光之间的关系。

下面介绍反射式棱镜单色仪的定标装置的设计思路。

图 5.11.1 所示为反射式棱镜单色仪的定标装置示意图。反射式棱镜单色仪的定标装置由单色仪外壳(1)、入射缝(2)、棱镜(3)、出射缝(4)、光电池(5)、转台(6)、电阻丝(7)、准直凹面反射镜(8)、平面反射镜(9)、转轴(10)、第一导线(11)、第二导线(12)、第三导线(13)、金属片(14)、聚焦凹面反射镜(15)、电源(16)、放大器(17)、单片机(18)、12864 液晶显示器(19)组成。

其中，图 5.11.1(a)所示为该定标装置的结构示意图。单色仪外壳是一个圆柱形容器，其侧面开有入射缝和出射缝。从单色仪外壳内部的下底面上呈圆形嵌入一电阻丝；在电阻丝上面放置转台；转台的中心与电阻丝所成圆形的中心重合，其半径大于电阻丝所成圆形的半径；单色仪外壳底面打一圆孔；转轴垂直于单色仪外壳底面放入并固定在转台的中心，转轴由金属材料制成；金属片沿径向嵌入转台的下面，其一端焊接在转轴上，另一端压在电阻丝上并紧密接触；转轴可带动金属片和转台一起转动；棱镜和平面反射镜固定在转台的上面，棱镜的底边中心与转台的中心重合；准直凹面反射镜、聚焦凹面反射镜固定在单色仪外壳的内部靠近侧壁的地方;从电阻丝的一端引出第一导线,从另一端引出第二导线,从转轴上引出第三导线;光电池放置在出射缝的外面,其正面紧贴出射缝。

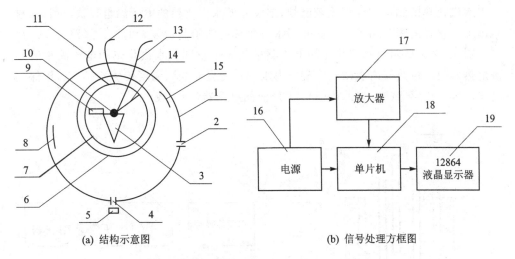

(a) 结构示意图   (b) 信号处理方框图

图 5.11.1   反射式棱镜单色仪的定标装置示意图

反射式棱镜单色仪的定标装置的信号处理方框图如图 5.11.1(b)所示。电源的正极接第一导线,负极接第二导线;第三导线的输出送入单片机;电源同时为放大器、单片机提供电能;光电池的输出送入放大器;放大器的输出送入单片机;单片机将处理结果送入 12864 液晶显示器显示。

使用时,复色光从入射缝入射,经过准直凹面反射镜、平面反射镜、棱镜、聚焦凹面反射镜作用后,从出射缝射出为一频率范围很窄的单色光,出射单色光的波长与棱镜转动的角度有关。当转动转轴时,转台、棱镜、平面反射镜、金属片跟着一起转动,第三导线分出的电压随之变化,其输出送入单片机;光电池的输出电压也随之变化,其输出送入放大器;放大器的输出送入单片机;单片机将处理结果送入 12864 液晶显示器;12864 液晶显示器即可显示出射光与棱镜转动角度的关系。

5.12   水汽化热的电子测量装置

压力传感器是能感受压力并转换成可用输出信号的传感器,是工业实践中最为常用的一种传感器。一般普通压力传感器的输出为模拟信号。模拟信号是指信息参数在给定范围内表现为连续的信号,或在一段连续的时间间隔内,其代表信息的特征量可以在任意瞬间呈现为任意数值的信号。

压力传感器应用最为广泛的是压阻式压力传感器。电阻应变片是一种将被测件上的应变变化转换成一种电信号的敏感器件。它是压阻式应变传感器的主要组成部分之一。电阻应变片应用最多的是金属电阻应变片和半导体应变片两种。应变片在受力时产生的阻值变化通常较小,一般这种应变片都组成应变电桥,通过后续的仪表放大器进行放大,再传输给处理电路显示或执行机构。

水汽化热的测量和计算比较麻烦,本设计的水汽化热的电子测量装置,可自动显示出水汽化热的测量结果。下面介绍水汽化热的电子测量装置的设计思路。

图 5.12.1 所示为水汽化热的电子测量装置示意图。水汽化热的电子测量装置由量热器(1)、量热器内水(2)、冷凝器内水(3)、冷凝器(4)、温度传感器(5)、石棉保温层(6)、压力传感器(7)、单片机(8)、LCD 液晶显示器(9)组成。

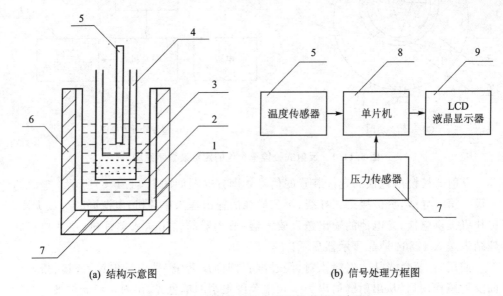

(a) 结构示意图   (b) 信号处理方框图

图 5.12.1　水汽化热的电子测量装置示意图

其中,图 5.12.1(a)所示为该测量装置的结构示意图。量热器为一圆柱形容器,由铜制成,其下底面安放压力传感器,它们的外侧包有一层石棉保温层,量热器内放有四分之三的量热器内水;冷凝器是一个 U 形铜管,其大部分浸泡在量热器内水中;冷凝器内水可凝结在冷凝器的 U 形铜管底部;温度传感器的一部分插入量热器内水之中。

水汽化热的电子测量装置信号处理方框图如图 5.12.1(b)所示。温度传感器、压力传感器的输出分别送入单片机;单片机将处理结果送入 LCD 液晶显示器显示。

测量时,经过过滤的蒸汽从冷凝器的 U 形铜管的一端进入,凝结成冷凝器内水,放出的热量使量热器及其中的量热器内水和冷凝器的温度升高。根据热平衡方程,水汽化热可表示为

$$L = \frac{1}{m}(m_0 c_0 + m_1 c_1 + m_2 c_2 + C)(t_3 - t_1) - (t_2 - t_3)c_0$$

其中:L 为水在沸点时的汽化热,m 为蒸汽凝结成冷凝器内水的质量,m_0 为量热器

内水的质量,c_0 为水的比热容,m_1 为量热器的质量,c_1 为量热器的比热容,m_2 为冷凝器的质量,c_2 为冷凝器的比热容,C 为温度传感器插入水中部分的热容,t_1 为量热器、量热器内水、冷凝器的初始温度,t_2 为水的沸点温度,t_3 为通入蒸汽后量热器、量热器内水、冷凝器、冷凝器内水的最终温度。t_1、t_3 由温度传感器指示,冷凝器内水的质量 m 为一压力增量,可由压力传感器指示,其余各量可预先测定并存入单片机中;温度传感器、压力传感器的输出分别送入单片机;单片机将处理结果送入 LCD 液晶显示器从而显示水汽化热。

5.13　固体比热容的电子测量装置

固体比热容的测量和计算比较麻烦,本设计的固体比热容的电子测量装置可自动显示出固体比热容的测量结果。

下面介绍固体比热容的电子测量装置的设计思路。

固体比热容的电子测量装置示意图如图 5.13.1 所示。固体比热容的电子测量装置由铁架台(1)、待测固体(2)、量热器筒(3)、蒸汽进入管(4)、量热器筒盖(5)、第一温度传感器(6)、第一石棉保温层(7)、蒸汽排出管(8)、联动活门(9)、量热器(10)、第二石棉保温层(11)、水(12)、单片机(13)、第二温度传感器(14)、LCD 液晶显示器(15)组成。

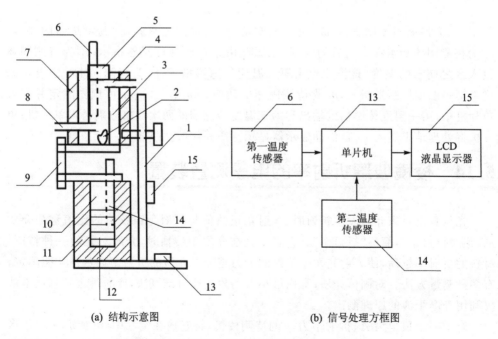

(a) 结构示意图　　　　　(b) 信号处理方框图

图 5.13.1　固体比热容的电子测量装置示意图

其中,图 5.13.1(a)所示为该测量装置的结构示意图。量热器筒为一圆柱形容器,外侧面上包有一层第一石棉保温层;量热器筒盖盖在量热器筒的上端;量热器筒及第一石棉保温层固定在铁架台上,待测固体放入量热器筒内部,在量热器筒及第一石棉保温层侧面上端开有小孔并放入蒸汽进入管,在其侧面下端开有另一小孔并放入蒸汽排出管;量热器为一圆柱形容器,放置在铁架台的下端,外侧面上包有一层第二石棉保温层,其中放入一定质量的水,其轴心与量热器筒位于同一竖直线上;第二温度传感器从量热器的上端边缘放入;联动活门有两层,既是量热器筒的下底,又是量热器筒的上盖,它可以活动,向外拉动联动活门,量热器筒中的待测固体可落入量热器的水中;单片机安放在铁架台下端某处;LCD 液晶显示器安放在铁架台的立杆上。

固体比热容的电子测量装置信号处理方框图如图 5.13.1(b)所示。第一温度传感器、第二温度传感器的输出分别送入单片机;单片机将处理结果送入 LCD 液晶显示器显示。

测量时,从蒸汽进入管通入蒸汽对待测固体加热,蒸汽从另一端的蒸汽排出管排出;当待测固体加热到某一温度后,向外拉动联动活门,量热器筒中的待测固体落入量热器的水中。

待测固体的比热容可表示为

$$c = \frac{(m_0 c_0 + c_1)(t_3 - t_1)}{m(t_2 - t_3)}$$

其中:c 为待测固体比热容,m_0 为水的质量,c_0 为水的比热容,c_1 为量热器的热容,t_3 为待测固体和水混合以后的温度,该温度由第二温度传感器指示,t_1 为待测固体投入水之前水的温度,该温度也由第二温度传感器指示,t_2 为待测固体的温度该温度由第一温度传感器指示,m 为待测固体的质量。m_0、c_0、c_1、m 可预先测定并存入单片机中,第一温度传感器的输出和第二温度传感器的两次输出分别送入单片机;单片机将处理结果送入 LCD 液晶显示器显示待测固体的比热容。

5.14　棱镜玻璃折射率的电子测量装置

光从真空射入介质发生折射时,入射角正弦值与折射角正弦值的比值称为介质的"绝对折射率",简称"折射率"。它表示光在介质中传播时,介质对光的一种特征。材料的折射率越高,使入射光发生折射的能力越强。介质的折射率通常由实验测定,有多种测量方法。对固体介质,常用最小偏向角法或自准直法,或通过迈克尔逊干涉仪利用等厚干涉的原理测出。

对于一个顶角为 A、折射率为 n 的待测棱镜,将它放在空气中($n_1 = n_2 = 1$)。当棱镜第一表面的入射角等于第二表面的折射角时,偏向角达到最小值 δ_{min},用测角仪测定 δ_{min} 和 A,便可算出折射率 n。这种测量折射率的方法为最小偏向角法。用最小偏向角法测折射率时,角度的测量和计算比较麻烦,本设计的棱镜玻璃折射率的电子测量装置,可使在使用最小偏向角法测折射率时,自动进行角度的测量和计算。下面介绍棱镜玻璃折射率的电子测量装置的设计思路。

棱镜玻璃折射率的电子测量装置机械结构示意图如图 5.14.1(a)所示。棱镜玻璃折射率的电子测量装置机械部分由单色平行光源(1)、棱镜台(2)、棱镜(3)、第一圆弧轨道(4)、第二圆弧轨道(5)、第一导线(6)、电阻丝(7)、望远镜(8)、金属环(9)、第二导线(10)、第三导线(11)组成。

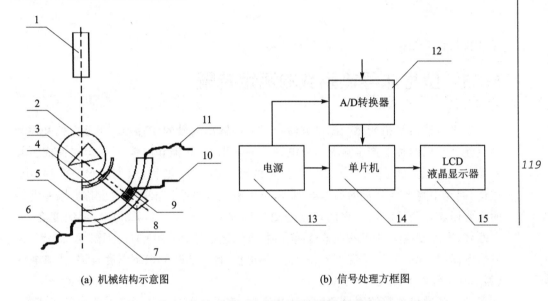

(a) 机械结构示意图　　　　　(b) 信号处理方框图

图 5.14.1　棱镜玻璃折射率的电子测量装置示意图

棱镜台可以自由转动;棱镜放置于棱镜台上面中心处;单色平行光源发出的单色平行光可照射在棱镜的侧表面上;第一圆弧轨道和第二圆弧轨道的曲率中心均在棱镜台的中心上,第一圆弧轨道的半径小于第二圆弧轨道的半径;电阻丝嵌入第二圆弧轨道上面并有一半的体积露出;望远镜放在第一圆弧轨道和第二圆弧轨道上并可绕棱镜台中心转动;金属环套在望远镜上,其位于电阻丝上面并与电阻丝紧密接触;从电阻丝的一端引出第一导线,从金属环的上面焊接第二导线,从电阻丝的另一端引出第三导线。

棱镜玻璃折射率的电子测量装置信号处理方框图如图 5.14.1(b)所示。棱镜玻璃折射率的电子测量装置信号处理部分由 A/D 转换器、电源、单片机、LCD 液晶显示器组成。电源的正极接第三导线,负极接第一导线;第二导线的输出送入 A/D 转换器;电源同时为 A/D 转换器、单片机提供电能;A/D 转换器的输出送入单片机;单片机将处理结果送入 LCD 液晶显示器显示。

第二圆弧轨道的弧度数一定(假定为四分之一圆),其上电阻丝所加电压的大小为 E,设第二导线的输出电压为 U,则最小偏向角为

$$\delta_{min} = \frac{\pi U}{2E}$$

所以第二导线的输出电压值可代表最小偏向角,其输出送入 A/D 转换器;A/D 转换器的输出送入单片机;棱镜顶角 A 为固定值,A 值可事先存入单片机中;单片机即可计算出棱镜玻璃折射率为

$$n = \frac{\sin\dfrac{A + \delta_{min}}{2}}{\sin\dfrac{A}{2}}$$

单片机将计算结果送入 LCD 液晶显示器显示。

5.15　良导体导热系数的测定装置

温度传感器是指能感受温度并转换成可用输出信号的传感器。温差电偶又称为热电偶。利用两种能产生显著温差电现象的金属丝(如铜和康铜)a、b 焊接而成。其一端置于待测温度 t 处,另一端置于恒定的已知温度 t_0 的物质(如冰水混合物)中。这样,回路中将产生一定的温差电动势,可由电流计直接读出待测温度值。温差电偶的主要用途是测量温度。它的特点是测量范围广($-200\sim 2\,000\,℃$),灵敏度高,稳定性好,准确度高。常用的温差电偶有铜-康铜热电偶(测 300 ℃ 以下温度)、镍铝-镍铬热电偶(测 300 ℃ 以下温度)、铂-铂铑热电偶(测 1 700 ℃ 以下温度)、钨-钛热电偶(测 2 000 ℃ 以下温度)。

良导体导热系数的测量和计算比较麻烦,本设计的良导体导热系数的测定装置,可自动显示出良导体导热系数的测量结果。下面介绍良导体导热系数的测定装置的设计思路。

良导体导热系数的测定装置示意图如图 5.15.1 所示。良导体导热系数的测定装置由待测铜柱(1)、金属水管(2)、接水容器(3)、第一温度传感器(4)、石棉保温层(5)、金属盒(6)、蒸汽排出管(7)、蒸汽进入管(8)、铜-康铜热电偶铜端子(9)、铜-康铜热电偶康铜端子(10)、进水容器(11)、第二温度传感器(12)、单片机(13)、LCD 液晶显示器(14)组成。

其中,图 5.15.1(a)所示为该测量装置的结构示意图。待测铜柱的侧表面上端缠绕金属水管,其侧表面没有缠绕金属水管的部分包上石棉保温层,下底与金属盒的上表面紧密接触;金属盒为一圆柱形容器,其直径与待测铜柱的直径相等,侧表面嵌入蒸汽排出管和蒸汽进入管;金属水管的一端接接水容器,另一端接进水容器;第一温度传感器固定在接水容器的内壁上;第二温度传感器固定在进水容器的内壁上;铜-康铜热电偶铜端子和铜-康铜热电偶康铜端子从石棉保温层侧面的两处嵌入,并与待测铜柱侧表面紧密接触。

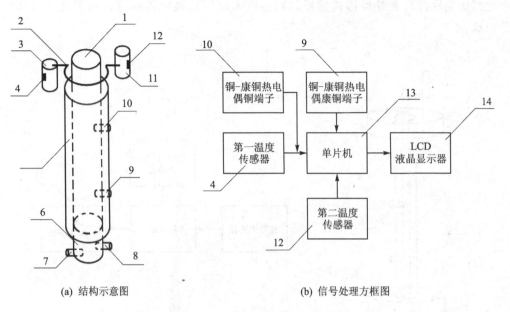

(a) 结构示意图　　　　　　　　　　　　(b) 信号处理方框图

图 5.15.1　良导体导热系数的测定装置

　　良导体导热系数的测定装置信号处理方框图如图 5.15.1(b)所示。良导体导热系数的测定装置信号处理部分由单片机、LCD 液晶显示器组成。铜-康铜热电偶铜端子、铜-康铜热电偶康铜端子、第一温度传感器、第二温度传感器的输出分别送入单片机;单片机将处理结果送入 LCD 液晶显示器显示。

　　良导体导热系数可表示为

$$\lambda = \frac{4lc(t_4 - t_3)m}{\pi d^2(t_1 - t_2)\tau}$$

式中:c 为水的比热容,l 为铜-康铜热电偶铜端子与铜-康铜热电偶康铜端子之间的距离,d 为待测铜柱的直径,m 为在 τ 时间内流出的冷却水的质量,$(t_1 - t_2)$ 为铜-康铜热电偶铜端子和铜-康铜热电偶康铜端子的温度差,t_4 为第一温度传感器的温度,t_3 为第二温度传感器的温度。测定结果输入到单片机;单片机将处理结果送入 LCD 液晶显示器显示。

5.16　金属线胀系数的电子测量装置

　　光杠杆法测金属线胀系数比较麻烦,本设计的金属线胀系数的电子测量装置,可自动显示出金属线胀系数的测量结果。

　　下面介绍金属线胀系数的电子测量装置的设计思路。

　　金属线胀系数的电子测量装置结构示意图如图 5.16.1(a)所示。金属线胀系数的电子测量装置由底部固定圆盘(1)、金属筒(2)、待测金属棒(3)、顶部固定圆盘(4)、

光纤固定柱(5)、光纤位移传感器(6)、蒸汽入口(7)、温度传感器(8)、蒸汽出口(9)
组成。

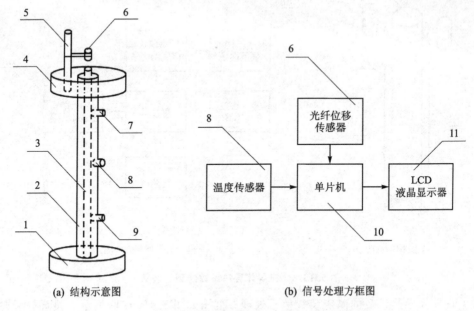

(a) 结构示意图　　　　　　　　　　　　　(b) 信号处理方框图

图 5.16.1　金属线胀系数的电子测量装置示意图

　　金属筒的下表面嵌入底部固定圆盘;顶部固定圆盘中央打一个直径与金属筒相
同的圆孔,并固定在金属筒上;金属筒的上表面与顶部固定圆盘的上表面在同一平面
上,其上表面中央位置打一直径与待测金属棒相同的圆孔,将待测金属棒放入金属筒
中并从金属筒上表面的圆孔中露出一小部分;光纤固定柱固定在顶部固定圆盘的上
表面上;光纤位移传感器固定在光纤固定柱的一侧,其下端与待测金属棒的上表面对
齐;金属筒的侧面上部开有蒸汽入口,侧面下部开有蒸汽出口;温度传感器从金属筒
的侧面中部嵌入。

　　金属线胀系数的电子测量装置信号处理方框图如图 5.16.1(b)所示。金属线胀
系数的电子测量装置信号处理部分由单片机(10)、LCD 液晶显示器(11)组成。光纤
位移传感器和温度传感器的输出分别送入单片机,单片机将处理结果送入 LCD 液晶
显示器显示。

　　设金属棒在温度 t_1 时的长度为 l,温度升到 t_2 时,其长度增加 δ,其金属线胀系
数可表示为

$$\alpha = \frac{\delta}{l(t_2 - t_1)}$$

金属棒在温度 t_1 时的长度 l 可事先测定,可设为固定值,其值可事先存入单片机中;
温度差 $(t_2 - t_1)$ 由温度传感器测定并输入单片机,金属棒长度增加量 δ 由光纤位移
传感器测定并输入单片机;单片机将处理结果送入 LCD 液晶显示器显示。

5.17　数显杨氏模量测量仪

在传统的杨氏模量测量中,使用拉伸法测量金属丝的杨氏模量,将金属丝末端挂上砝码并用光杠杆放大法测其伸长量,实验难于调节、较费时且精度较差。本设计在杨氏模量实验的金属丝伸长微位移测量中引入光纤位移传感器并对输出电压进行了数字化处理和显示,直接得到了微位移测量结果,使杨氏模量中微位移测量变得简单易行。

为了改善金属丝杨氏模量测量中微小伸长量难测量的缺点,本设计介绍了一种操作简单、测量容易的数显杨氏模量测量仪。

下面结合图示对本设计的具体结构和实施方式作具体说明。

如图 5.17.1 所示,数显杨氏模量测量仪由设备支架(1)、底座(2)、紧固件1(3)、紧固件 2(4)、数显模块(5)、光纤位移传感器(6)、反光铝箔(7)、顶部金属丝夹(8)构成。

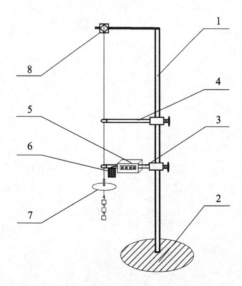

图 5.17.1　数显杨氏模量测量仪结构示意图

数显模块和光线位移传感器固定在紧固件 1 上;紧固件 1、紧固件 2 前端有小圆环,后端有螺丝,可沿着设备支架的竖杆上下移动,并由螺丝拧紧固定在竖杆上。

待测量的金属丝利用顶部金属丝夹夹住,并穿过紧固件 1、紧固件 2 前端的小孔下垂;反光铝箔固定在金属丝下部并与金属丝垂直,与光纤位移传感器端面平行;将紧固件 1 固定在竖杆合适位置避免金属丝晃动;当金属丝未挂砝码时,调节紧固件 2 使得光纤位移传感器与反光铝箔紧贴,然后固定紧固件 2,此时数显模块显示为零。

随着砝码增加,金属丝伸长量增大,光纤位移传感器与反光铝箔之间的位移增加,显示数字加大,数显模块直接显示出光纤位移传感器与反光铝箔之间的位移数据。

　　数显模块的电路原理图如图 5.17.2 所示。数显模块由传感器接口、调理电路、A/D 转换器、单片机和液晶模块构成。光纤位移传感器将位移量转换成微电量,调理电路将其转换为 0~5 V 的直流电压信号,再利用高精度的 A/D 转换器转换成数字信号,单片机采集到该数字信号后经过校正处理,最后将测量位移数据利用液晶模块显示出来。

图 5.17.2　数显模块的电路原理图

第**6**章

电子创新实验

6.1 综合性传感器模块实验电路

经典传感器通常把非电量转化为电量。传感器相当于人的皮肤和五官,在许多领域都有着广泛的应用,因此对每一种传感器的特性、温度补偿、精度的提高方法都已有较详细的论述,并且在众多高校都开设了传感器实验课程。传统的传感器实验通常使用台式或箱式实验箱,学生看不见实验箱里的器件及内部电路,只能通过实验箱外部的插孔插接连线完成实验,使学生对实验原理理解不深,实验兴趣不高,甚至做完实验后还不认识传感器件。

为了解决上述问题,我们对实验的数字化进行了研究,申请了赤峰学院的双改项目——应用型人才培养模式下的专业主干课程改革研究与实践。以"传感器原理与实验"为例,在教学改革过程中,我们设计了综合性传感器模块实验电路,通过多轮学生实验,取得了较好的教学效果。

如果选用传感器敏感元件实验,实验过程太久,实验结果也可能不稳定,因此我们直接选用了传感器模块进行实验设计。现在市面上有数十种传感器模块,图 6.1.1 所示为几种常见的模块,分别是:光电测速、轻触开关、振动、火焰、光敏电阻、倾角、温度和热释电传感器模块。

传感器模块内部电路如图 6.1.2 所示。其中主要是电阻分压和比较器比较输出的过程,不同传感器模块的敏感元件的接入位置不同,分压电阻阻值不同。传感器模块的接线方式通常有四线制和三线制两种。四线制的引线分别是:电源 VCC,地 GND,数字信号 DO,模拟信号 AO。三线制的引线没有模拟信号 AO。

在综合性传感器模块实验电路设计中,为了显示传感器模块的输出信号,我们把多种传感器模块的数字信号输出 DO 送入多路拨码开关的一侧,多路拨码开关的另一侧连在一起作为计数器的时钟信号。采用两个 74HC160 级联构成模 100 的计数器,74HC160 的输出送入 CD4511,CD4511 是驱动共阴极 LED 数码管显示器的BCD 码七段码译码器,两个 CD4511 分别驱动两个一位共阴数码管 SM42056 进行显示。传感器模块实验电路图如图 6.1.3 所示。

图 6.1.1　常见传感器模块

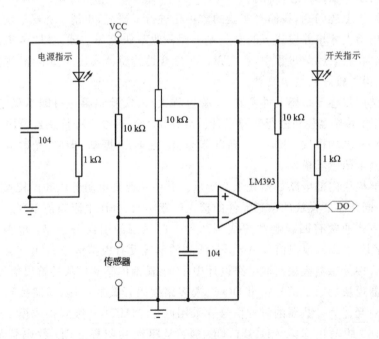

图 6.1.2　传感器模块内部电路图

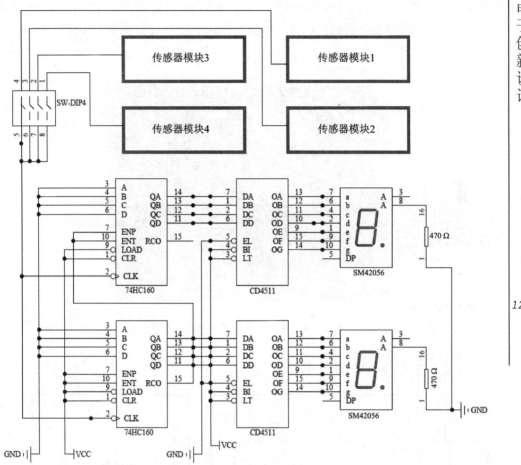

图 6.1.3 传感器模块实验电路图

　　学生在焊接电路时,可使用排针和排针座与多路拨码开关连接,可在排针座上插接不同的传感器模块。传感器模块实验电路效果如图 6.1.4 所示。

　　在实验过程中,我们发现只有当轻触开关传感器模块的输出 DO 作为时钟时,计数器才能正常计数,而其他传感器模块的输出 DO 作为时钟时,计数器会发生抖动现象,因此添加了传感器模块实验硬件消抖电路如图 6.1.5 所示。消抖电路把 555 多谐振荡器的输出作为 74HC74 的时钟信号。74HC74 是一个双 D 触发器,多路拨码开关的输出送入双 D 触发器的引脚 D1,双 D 触发器的引脚 Q1 输出的信号再送入计数器作为时钟信号即可消除抖动现象。

　　在实验教学改革过程中,设计了综合性传感器模块实验电路,把多种传感器模块输出的数字信号经过多路拨码开关后作为计数器的时钟信号,通过计数器显示传感器模块的输出结果。实验发现,只有当轻触开关传感器模块的输出作为时钟时,计数器才能正常计数,而其他传感器模块的输出作为时钟时,计数器会发生抖动现象,因此需添加传感器模块硬件消抖电路。传感器模块实验经过多轮学生实验验证,取得了较好的教学效果。

图 6.1.4 传感器模块实验电路效果图

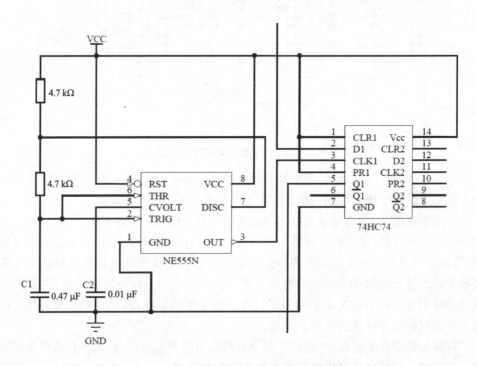

图 6.1.5 传感器模块实验硬件消抖电路图

6.2　少儿数学学习机

　　在学前或低年级的少儿数学教育中,对于简单的加、减、乘、除运算题训练,少儿会觉得单调、枯燥,学习兴趣不高,而老师或家长亦需花费大量的时间出题和判题。本设计设计了一种少儿数学学习机,能够为少儿提供加、减、乘、除运算题并能进行自动批改。通过指示灯或语音芯片指示结果对错,可用于少儿的自主学习。

　　少儿数学学习机由启动键、数码管、单片机、键盘和指示灯组成。按下启动键,单片机产生两个随机数,并送入数码管显示。数码管有两个,可以是一位或多位的数码管。键盘是一个 4×4 键盘,有 16 个按键,分别是 0、1、2、3、4、5、6、7、8、9、＋、－、×、÷、＝号以及清除键。按动键盘上＋、－、×、÷ 中的某一个运算符号,单片机就对两个随机数进行相应的运算但不显示运算结果,少儿可把他的运算结果用键盘输入,在单片机中把两个随机数的运算结果与键盘输入的数相比较,比较结果控制不同颜色的指示灯发出批改指示。

　　数码管是一种常用的半导体发光器件,不同型号的数码管的译码规则不同。本设计使用了两个二位一体数码管用于显示参与运算的两个数字,通过采集单片机 P3.7 的信号判断是否产生随机数,然后通过单片机 P1 口输出数码管段位码,通过单片机 P3 口控制相应的数码管亮,综合 P1 口和 P3 口配合显示出所产生的随机数。

　　在键盘中按键数量较多时,为了减少 I/O 口的占用,通常将按键排列成矩阵键盘的形式。本设计使用了一个 4×4 矩阵软键盘,在矩阵键盘中,每条水平线和垂直线在交叉处不直接连通,而是通过一个按键加以连接。通过中断程序,使用行扫描法逐行逐列扫描查询,其中单片机的 P2.0～P2.3 连接矩阵键盘的行,P2.4～P2.7 连接矩阵键盘的列,矩阵键盘与单片机端口的连接方式见图 6.2.1 所示的少儿数学学习机电路原理图。通过扫描 P2 口键盘输入的数字量,然后与单片机算出来的结果进行对比,最后通过 LED 灯来显示输入结果是否正确。

　　少儿数学学习机程序方框图如图 6.2.2 所示。程序包含随机整数产生子程序、显示子程序、键盘扫描子程序、延迟子程序等。单片机运行程序后,产生两组随机数,通过显示子程序控制两个二位一体数码管显示,通过键盘扫描子程序判断有无按键按下,按键按下后对键值进行处理,同时控制 LED 指示灯点亮。少儿数学学习机实物图如图 6.2.3 所示。

　　本设计使用单片机最小系统、二位一体数码管、4×4 矩阵软键盘、LED 灯等器件设计并实现了少儿数学学习机。当按下启动键时,单片机产生两个随机数送入两个数码管显示,键盘是一个 4×4 键盘,按动键盘上＋、－、×、÷ 中的某一运算符号,单片机就对两个随机数进行相应的运算但不显示运算结果,少儿把他的运算结果用键盘输入,在单片机中两个随机数的运算结果与键盘输入的数相比较,比较结果控制不同颜色的指示灯发出批改指示。

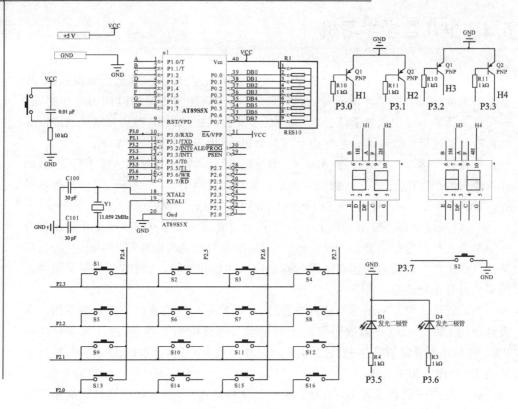

图 6.2.1 少儿数学学习机电路原理图

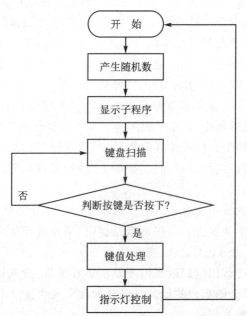

图 6.2.2 少儿数学学习机程序方框图

图 6.2.3　少儿数学学习机实物图

本设计制作的少儿数学学习机可提高少儿学习数学的兴趣,节省老师和家长用于数学教育的时间。设计的电路与计算器的流程相反,可培养大学生逆向思维的能力,可用于大学生实习、实训、创新、创业训练等。作品制作相对简易,适合大批量生产。

6.3　电子沙漏

在本科低年级的电子技术实训教学过程中所采用的实训电路原理比较简单,但涉及的元器件较多,这样的实训电路有利于学生的焊接练习。基于此考虑,设计并实现了电子沙漏电路,用于学生电子实训焊接的训练,由于作品焊接成功后显示效果较好,学生的学习兴趣也较高,对于能力较强的学生,可增加电路单元的个数,甚至让他们设计立体的电子沙漏,培养学生的创新能力和动手能力。

图 6.3.1 所示是单片机最小系统电路,包括 AT89S5X 单片机、提供时钟的晶振电路、用于初始化的复位电路、电源电路。单片机给系统供电的电源为 5 V。AT89S5X 单片机有 40 个端口,本设计使用了 P0 口和 P2 口,如果要制作立体的电子沙漏,需要使用 595 芯片进行端口扩展。P0 口使用时一般通过接排阻拉高电平。

本设计采用 15 个电路单元构成电子沙漏。电子沙漏电路单元如图 6.3.2 所示,每个电子沙漏电路单元包含上、下两组。15 个电路单元中,上面 15 组呈倒三角形分布,每组包括一个 NPN 型三极管 9013 或 8050、一个 LED 灯和一个电阻,其中的 NPN 型三极管集电极 C 接电源 VCC,发射极 E 接 LED 正极,LED 负极连接电阻后接地;下面 15 组呈正三角形分布,每组包括一个 PNP 型三极管 9012 或 8055、一个 LED 灯、一个电阻,其中的 PNP 型三极管集电极 C 接地,发射极 E 接 LED 负极,LED 正极连接电阻后接电源 VCC。

对上面 15 组测试时,当 NPN 型三极管基极 B 接地时,LED 灯不亮;当基极 B 接电源 VCC 时,LED 灯点亮。下面 15 组正好相反,当 PNP 型三极管基极 B 接地时,LED 灯点亮;当基极 B 接电源 VCC 时,LED 灯不亮。

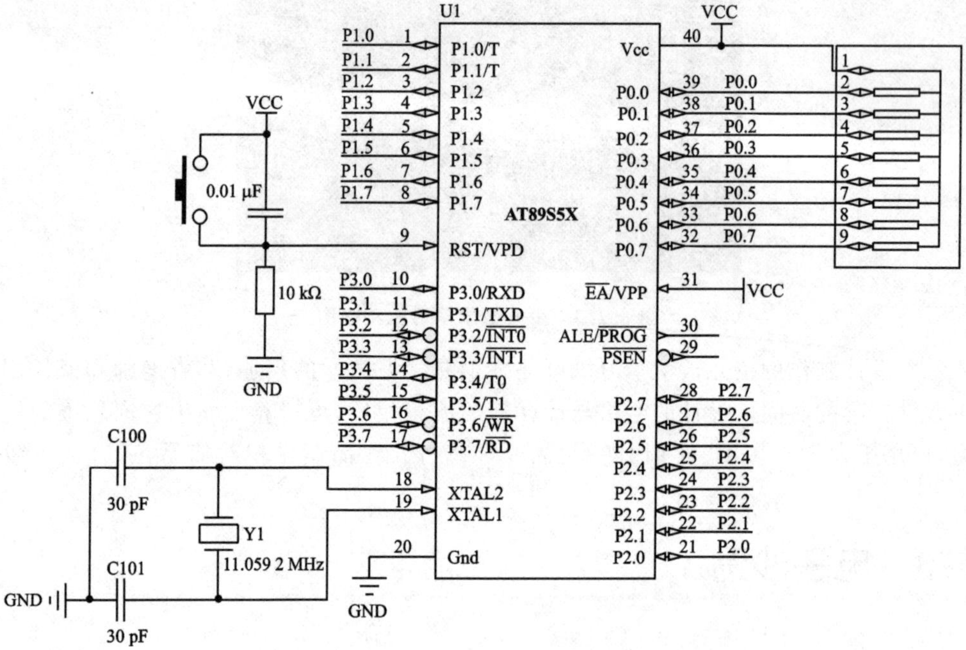

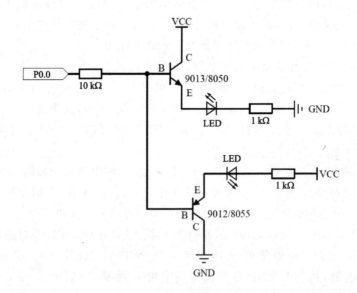

图 6.3.1　单片机最小系统电路

图 6.3.2　电子沙漏电路单元

在 15 个电路单元中,上、下对应的 15 组的三极管基极 B 分别连在一起串接电阻后接到 15 个排针上。15 个排针用杜邦线分别与单片机 P0 口的 P0.0~P0.7,P2 口的 P2.0~P2.6 相连接。通过单片机 P0、P2 口输出的高低电平点亮不同位置的 LED 灯。

单片机电子沙漏程序方框图如图 6.3.3 所示。单片机程序运行时,首先对 P0、P2 口初始化,然后通过查表法进行取值,取值后通过 P2=$x[i]$/256;P0=$x[i]$%256 进行赋值,其中 $x[i]$ 为程序循环时第 i 次的查表结果。

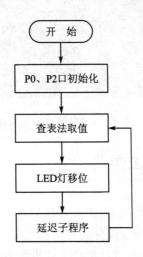

图 6.3.3 电子沙漏程序方框图

单片机 P0、P2 口输出的高低电平构成了一个 15 位的移位寄存器,P0、P2 口的输出控制 15 个电路单元中上、下 15 组的三极管基极 B,从而点亮不同位置的 LED 灯。程序运行后电子沙漏焊接实物图如图 6.3.4 所示。

本设计使用单片机最小系统、NPN 型三极管、PNP 型三极管、LED 灯、电阻等器件设计并实现了电子沙漏。基本的电子沙漏电路由 15 个电路单元构成。每个电子沙漏电路单元包含上、下两组。上面 15 组呈倒三角形分布,每组包括一个 NPN 型三极管 9013 或 8050、一个 LED 灯和一个电阻;下面 15 组呈正三角形分布,每组包括一个 PNP 型三极管 9012 或 8055、一个 LED 灯和一个电阻。15 个电路单元中上、下对应的 15 组的三极管基极 B 分别连在一起串接电阻后接到 15 个排针上。15 个排针用杜邦线分别和单片机 P0、P2 口相连接。通过单片机 P0、P2 口输出的高低电平点亮不同位置的 LED 灯。本设计设计制作的电子沙漏可提高学生的学习兴趣,训练学生的焊接技能,通过让学生设计立体的电子沙漏,培养学生的创新能力和动手能力。作品可用于大学生实习、实训、创新创业训练等。

图 6.3.4　电子沙漏焊接实物图

6.4　人体趣味身高体重秤

　　体重秤能够准确地称量人的体重,通过每日的体重变化,反映某段时间的体重控制情况。传统的身高体重秤只有测量体重和身高功能,功能单一,用于学生电子实训教学中,学生实训的兴趣不高。本设计的身高体重秤采用超声波技术测量身高(无触碰式),精密传感器测量体重,能同时测得身高、体重。用 5 个 LED 灯对人体的肥胖指数作出指示,增加了身高体重秤的趣味性和实用性。

　　通过压力传感器、超声波传感器、设计了人体趣味身高体重秤,其结构示意图如图 6.4.1 所示。人体趣味身高体重秤包括:体重秤底座、压力传感器模块、体重秤立杆、超声波传感器模块、单片机最小系统、五个指示灯、电源、男女选择按钮。体重秤立杆垂直固定在体重秤底座上,压力传感器模块和电源安装在体重秤底座内部,男女选择按钮安装在体重秤立杆侧面,超声波传感器模块固定在体重秤立杆顶端,压力传感器模块和超声波传感器模块输出的电压信号都送入单片机最小系统,单片机最小系统将处理结果送入五个指示灯。

　　图 6.4.2 所示为单片机最小系统电路,包括单片机、提供时钟的晶振电路、用于初始化的复位电路、电源电路。AT89S5X 单片机有 40 个端口,P0 口使用时一般通过接排阻拉高电平。单片机最小系统中的单片机内部储存男女身高与体重的关系式,单片机最小系统输出的信号控制五个指示灯中的一个点亮。电源为 5 V 直流电源,其正极接单片机最小系统中单片机的引脚 40,负极接单片机最小系统中单片机的引脚 20。男女选择按钮一端连接电源的负极,另一端连接单片机最小系统中单片机的引脚 25。

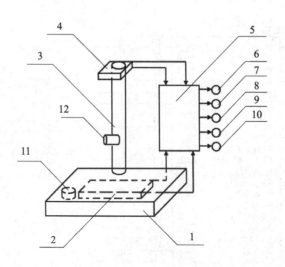

1—体重秤底座;2—压力传感器模块;3—体重秤立杆;4—超声波传感器模块;

5—单片机最小系统;6—第一指示灯;7—第二指示灯;8—第三指示灯;

9—第四指示灯;10—第五指示灯;11—电源;12—男女选择按钮

图 6.4.1　人体趣味身高体重秤结构示意图

人体趣味身高体重秤电路单元如图 6.4.3 所示。压力传感器模块包括压力传感器、放大器和 A/D 转换器;其外接 4 个引脚,分别是电源 VCC、时钟 SCK、数据输出 DT、地 GND;这 4 个引脚插在排针座上用引线引出,其中电源 VCC 接单片机最小系统中单片机的引脚 40,时钟 SCK 接单片机最小系统中单片机的引脚 26,数据输出 DT 接单片机最小系统中单片机的引脚 27,地 GND 接单片机最小系统中单片机的引脚 20。

超声波传感器模块外接 4 个引脚,分别是电源 VCC、地 GND、数字信号 DO、模拟信号 AO。其电源 VCC、地 GND 分别接电源的正负极,输出的模拟信号 AO 送入单片机最小系统中单片机的引脚 28,其数字信号 DO 引脚不连接。

五个 LED 指示灯的负极串联一个 470 Ω 的电阻后接单片机最小系统中单片机的引脚 20。第一指示灯的正极接单片机最小系统中单片机的引脚 39,当该指示灯被点亮时发出红光,表示肥胖。第二指示灯的正极接单片机最小系统中单片机的引脚 38,当该指示灯被点亮时发出黄光,表示体重超重。第三指示灯的正极接单片机最小系统中单片机的引脚 37,当该指示灯被点亮时发出绿光,表示体重正常。第四指示灯的正极接单片机最小系统中单片机的引脚 36,当该指示灯被点亮时发出蓝光,表示体重过轻。第五指示灯的正极接单片机最小系统中单片机的引脚 35,当该指示灯被点亮时发出白光,表示体重不足。

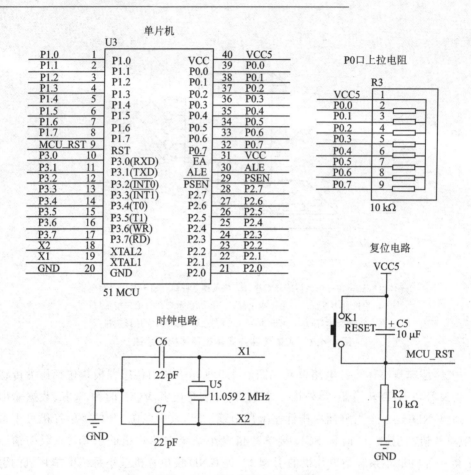

图 6.4.2　单片机最小系统电路

　　本设计设计制作的人体趣味身高体重秤可提高学生学习兴趣,训练学生的焊接技能,培养学生的创新能力和动手能力。作品可用于大学生实习、实训、创新创业训练等。

　　单片机人体趣味身高体重秤程序方框图如图 6.4.4 所示。单片机程序运行时,首先读取压力传感器模块和超声波传感器模块的数值,根据传感器的数值判断是否有人站上了趣味身高体重秤,当有人站上了趣味身高体重秤时,根据性别选取是否按下男女选择按钮,根据世界卫生组织的人体的胖瘦标准,男性:(身高－80)×70％＝标准体重,女性:(身高－70)×60％＝标准体重,式中,身高是以厘米为单位的值。标准体重正负 10％为正常体重,标准体重正负 10％~20％为体重超重或过轻,标准体重正负 20％以上为肥胖或体重不足,单片机最小系统按照世界卫生组织的标准判断人体的胖瘦,输出结果控制指示灯作出指示。当单片机最小系统判断人已经走下趣味身高体重秤后,熄灭全部指示灯并重新读取压力传感器模块和超声波传感器模块的数值。

电子创新设计

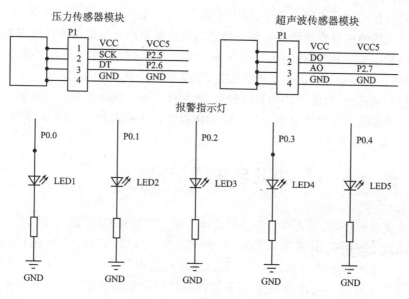

图 6.4.3　人体趣味身高体重秤电路单元

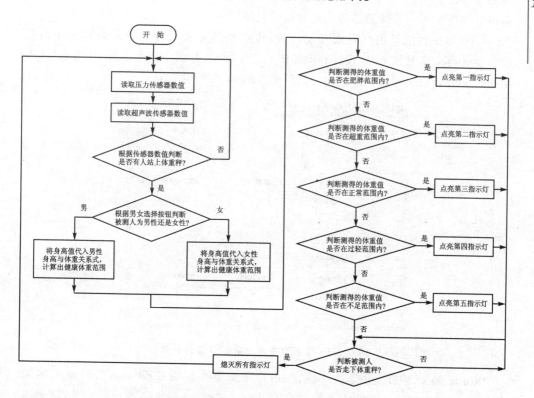

图 6.4.4　人体趣味身高体重秤程序方框图

本设计使用单片机最小系统、压力传感器模块、超声波传感器模块、LED灯等器件设计了人体趣味身高体重秤。压力传感器模块和超声波传感器模块输出的信号送入单片机最小系统处理,得到人体的体重和身高数据,创新性地设计了男女选择按钮,根据性别选取是否按下男女选择按钮,根据单片机中预先储存的世界卫生组织规定的人体胖瘦标准,判断人体的胖瘦程度,单片机最小系统将处理结果控制五个指示灯进行胖瘦指示。本设计可培养学生的创新能力和动手能力,可用于大学生实习、实训、创新创业训练等。

6.5 基于GUI的少儿自主学习机

在少儿时期,家长和老师经常需要给孩子出一些加减乘除的算术题,并且还需要及时批改孩子的作业,任务比较繁重,前节中"少儿数学学习机的设计"通过单片机电路实现了自动出题和批改功能。MATLAB具有强大的功能,借助于MATLAB的GUI亦可以完成这一设计,还可以节省硬件电路的资金。设计的界面和计算器的流程相反,可培养大学生创新思维的能力,亦可作为本科学生的MATLAB综合实验,改进的界面还可用于传感器等实验数据的处理。

GUI是一种图形用户界面开发环境,优点是具有灵活方便的参数输入输出功能。少儿自主学习机GUI设计界面如图6.5.1所示,界面中使用了Static Text、Edit text、Pop-up menu、Push putton四种类型的14个控件。

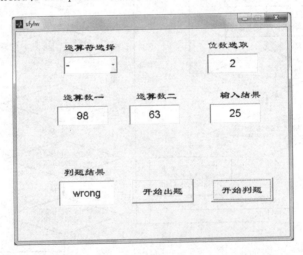

图6.5.1 少儿自主学习机GUI设计界面

Static Text控件是静态文本框,一般用于文字性说明;Edit text控件是可编辑文本框,一般用于输入和输出参数的显示;Pop-up menu控件是弹出式菜单,这里用于加减乘除运算的选取;Push putton控件是触控按钮,这里设置两个触控按钮用于控制出题和判题。各个控件属性设置如表 6.5.1 所列。

表 6.5.1　控件属性设置

控　件	属　性	默认值	修改值
StaticText1	String	Static Text	运算符选择
	Tag	Text1	s1
StaticText2	String	Static Text	位数选取
	Tag	Text2	s2
StaticText3	String	Static Text	运算数一
	Tag	Text3	s3
StaticText4	String	Static Text	运算数二
	Tag	Text4	s4
StaticText5	String	Static Text	输入结果
	Tag	Text5	s5
StaticText6	String	Static Text	判题结果
	Tag	Text6	s6
Popupmenu	String	Popupmenu	＋－＊／
	Tag	Popupmenu1	ysf
Edittext1	String	Edit text	1
	Tag	Edit 1	ysws
Edittext2	String	Edit text	
	Tag	Edit 2	n1
Edittext3	String	Edit text	
	Tag	Edit 3	n2
Edittext4	String	Edit text	?
	Tag	Edit 4	n
Edittext5	String	Edit text	
	Tag	Edit5	ptjg
Pushputton1	String	Push putton	开始出题
	Tag	Push putton1	ksct
Pushputton2	String	Push putton	开始判题
	Tag	Push putton2	kspt

少儿自主学习机 GUI 设计流程如图 6.5.2 所示,做题前先从 Pop-up menu 控件中的加减乘除中选取一种运算符号,从 tag 名为 ysws 的 Edit text 控件中输入运算位数,按下开始出题触控按钮后,在 tag 名为 n1 和 n2 的两个 Edit text 控件中将产生

满足条件的两个随机数,孩子从 tag 名为 n 的 Edit text 控件中输入计算结果,点击开始判题触控按钮,在 tag 名为 ptjg 的 Edit text 控件中自动显示 right 或 wrong 指示判题结果。

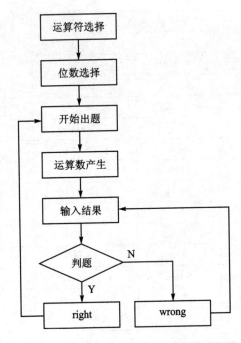

图 6.5.2　少儿自主学习机 GUI 设计流程图

开始出题触控按钮控件的回调函数如下:

```
function ksct_Callback
i = get(handles. ysf,'value');
weishu = str2double(get(handles. ysws,'string'));
if weishu == 1
    n1 = fix(10 * rand(1));
    n2 = fix(10 * rand(1));
    n4 = fix(10 * rand(1))
else
    n1 = fix(100 * rand(1));
    n2 = fix(100 * rand(1));
    n4 = fix(10 * rand(1))
end
set(handles. n1,'string',n1)
set(handles. n2,'string',n2)
switch  i
    case 1
```

```
            n3 = n1 + n2;
    case 2
        if n1 >= n2
            n3 = n1 - n2;
        else
            set(handles.n2,'string',n1)
            set(handles.n1,'string',n2)
            n3 = n2 - n1;
        end
    case 3
        n3 = n1 * n2;
    case 4
        if n2 == 0
            n2 = 1;
        end
        n1 = n2 * n4
        set(handles.n1,'string',n1)
        set(handles.n2,'string',n2)
        n3 = n1/n2;
end
```

开始判题触控按钮控件的回调函数如下：

```
function kspt_Callback
n = str2double(get(handles.n,'string'))
s1 = 'right'
s2 = 'wrong'
i = get(handles.ysf,'value');
n1 = str2double(get(handles.n1,'string'))
n2 = str2double(get(handles.n2,'string'))
switch  i
    case 1
        n3 = n1 + n2;
    case 2
        n3 = n1 - n2;
    case 3
        n3 = n1 * n2;
    case 4
        n3 = n1/n2;
end
if n == n3
set(handles.ptjg,'string',s1)
else
```

电子创新设计

```
set(handles.ptjg,'string',s2)
end
```

MATLAB 的 GUI 是一种图形用户界面开发环境,具有灵活方便的参数输入输出功能。我们使用了 Static Text、Edit text、Pop-up menu、Push putton 四种类型的 14 个控件设计了能够自动出题和判题的 GUI 界面的小软件,可用于少儿的自主学习,提高孩子的学习兴趣,减轻老师和家长的负担。

6.6 半固化式传感器实验开发板

传统的传感器实验主要包括了两种实验类型:一种传感器的线性度较好,如各种位移传感器、压力传感器等;另一种的传感器的线性度较差,例如温湿度、光敏等传感器。在传统实验中,厂家已经设计好了不同的传感器模块,模块上设计了不同的标准接线插口,学生做实验时,选取不同的模块进行实验连线和数据测量,在实验过程中,学生大多数时间看不到传感器及其信号处理电路,只是单纯地进行外部线路连接,从仪表盘上读取数据结果,学生对传感器的工作原理及信号的处理方式理解不深,不能形成实验对理论的有效验证。本设计所设计的开发板可以让学生根据实际情况自己设计实验方案,可更好地培养学生的创新思维,降低实验成本。

半固化式传感器实验开发板结构设计如图 6.6.1 所示,包括点阵板、面包板、传感器模块、电子元器件、单片机最小系统、数码管、电源端子、8 脚芯片座、14 脚芯片座、16 脚芯片座、排针等。点阵板与面包板固定在一起,单片机最小系统、数码管、电源端子、8 脚芯片座、14 脚芯片座、16 脚芯片座、排针焊接在点阵板上面,传感器模块及电子元器件可在面包板的插孔上插入或拔出。单片机最小系统包括了单片机、晶振电路和复位电路。排针分布在单片机、数码管及所有芯片座的两边并与对应的引脚焊接在一起。

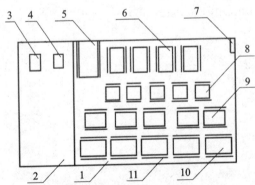

1—点阵板;2—面包板;3—传感器模块;4—电子元器件;5—单片机最小系统;
6—数码管;7—电源端子;8—脚芯片座;9—14 脚芯片座;10—16 脚芯片座;11—排针

图 6.6.1 半固化式传感器实验开发板结构

142

面包板上有 1 000 个插孔，共分为 200 组，每组 5 个，每组 5 个插孔用板底金属条连接在一起。板子两侧有两排竖着的插孔，也是 5 个一组。这两组插孔是用于给板子上的元件提供电源。

传感器采用集成传感器模块，传感器模块内部电路主要是电阻分压和比较器比较输出的过程，不同传感器模块敏感元件的接入位置不同，分压电阻阻值不同。传感器模块的接线方式通常有四线制和三线制两种。四线制的引线分别是：电源 VCC、地 GND、数字信号 DO、模拟信号 AO。三线制的引线没有模拟信号 AO。传感器模块可以是下述传感器模块中的一种或多种组合：光电测速传感器模块、轻触开关传感器模块、振动传感器模块、火焰传感器模块、光敏电阻传感器模块、倾角传感器模块、温度传感器模块、热释电传感器模块、甲烷传感器模块、二氧化碳传感器模块、颜色识别传感器模块、位移传感器模块、压力传感器模块、霍尔传感器模块、避障传感器模块、加速度传感器模块和角速度传感器模块等。

电子元器件可以是下述元件中的一种或多种的组合：二极管、三极管、发光二极管、电容、电阻、电位器、电感器、继电器、连接器、接线柱、扬声器、蜂鸣器和开关。

传感器开发板实验可以分为两类：一类采用单片机对信号进行处理，集成传感器输出的模拟或数字信号经过比较器、放大器等信号调理电路后送入单片机最小系统，信号经过单片机处理后控制继电器、LED、蜂鸣器等其他器件动作，或者送入数码管、LCD 显示器等器件显示，也可以进行温度、湿度、浓度等闭环反馈实验；另一类直接使用传感器输出的数字信号进行控制或显示实验，没有经过单片机等控制器件处理的信号不能进行闭环反馈实验。

半固化式传感器实验开发板实验的效果图如图 6.6.2 所示。图中，同时进行了两个实验：一个是用传感器控制数码管的显示，实验中没有使用单片机，使用光电传感器、触摸传感器或者霍尔传感器等的数字输出信号作为时钟，信号经过 D 触发器硬件消抖后作为 74HC160 的 clk，74HC160 的输出信号经过 CD4511 译码后，控制数

图 6.6.2　半固化式传感器实验

码管显示计数结果。其电路原理图见综合性传感器模块实验电路设计。实验经过拓展后可应用于传输带货物箱计数、自行车速度计等。另一个实验是用传感器控制继电器,传感器产生的数字信号 DO 通过三极管放大后驱动继电器,也可以由学生进行继电器后续驱动电路的设计。实验中可以通过换接不同的传感器模块完成不同的控制实验。

　　本设计通过点阵板和面包板组合的方式进行开发板设计,点阵板焊接固定的元器件和电路,面包板插拔随机的元器件及电路连接,使学生在实验过程中能够直观地观察传感器的外观和特性,半固化式传感器实验开发板可以方便地更换不同的传感器模块进行拓展实验,通过自己的设计和连线布局理解和体会传感器信号处理和信号显示电路,形成实验对理论的有效验证;可更好地培养学生的创新思维,降低实验成本,开发板也可以应用于学生的实习、实训和毕业论文设计。

6.7　伪随机数发生器

　　随机数在我们的生活中随处可见,例如掷一枚骰子所得到的点数、任何一个班级的学生数、某一路段的车流量或者迎面行驶而来的车辆的车牌号等。伴随随机事件而产生的随机的数字称为随机数。因为随机数的不可预知性,单一或小规模的试验是不能正确估算出随机数的规律的,试验次数越多,得到的结果越接近真正的答案。本设计利用 555 电路产生脉冲信号,用 74HC160 计数,通过 CD4511 译码后送入数码管显示一个随机数。

　　首先,我们介绍一下支持数字输出的 7 段译码器 CD4511。图 6.7.1 所示为七段显示译码器的引脚图。

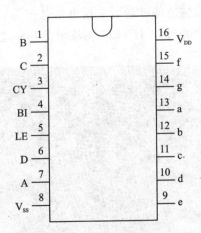

图 6.7.1　七段显示译码器的引脚图

　　引脚 4 BI 为消隐输入控制端子,如果 BI 为 0,则不论其他引脚输入什么值,七段显示数码管都处于熄灭状态,也称为消隐状态,七段显示数码不显示数字;如果 BI 为 1,则各笔段均正常显示。

　　引脚 3 LT 为测试输入端子,当 BI 为 1,LT 为 0 时,译码输出全为高电平,不论输入端子输入何值,七段显示译码器均工作,从而显示数字 8。各笔段均被点亮,以检查显示是否有故障发生。

　　引脚 5 LE 为锁定控制端,CD4511 中的译码器的锁存电路由传输门和反相器组成,传输门的导通或截止由控制端 LE 的电平状态。当 LE＝0 时,允许译码输出;当 LE＝1 时,译码器是锁定保持状态,译码器输出被保持在 LE＝0 时的数值。

　　A1、A2、A3、A4 为译码器输入端。a、b、c、d、e、f、g 为译码输出端,用于驱动共阴极数码管工作,输出为高电平 1 时有效。

　　另外,译码器在显示数"6"时,a 段消隐;显示数"9"时,d 段消隐,所以显示 6、9 这两个数时,字形不太美观。所谓共阴 LED 数码管是指 7 段 LED 的阴极是连在一起的,在应用中应接地。限流电阻要根据电源电压来选取,电源电压 5 V 时可使用 300 Ω 的限流电阻。由以上关于 CD4511 的介绍可知,它能够根据外部信号使 LED 点亮或者熄灭,从而达到译码输出的功能。

　　74HC160 是 74 系列的 4 位同步式十进制计数器,74HC160 引脚图如图 6.7.2 所示。

　　74HC160 的具体功能如下:

　　CLK:时钟脉冲输入端。引入外部时钟控制脉冲的输入端,无时钟脉冲输入时,无法使用计数功能。74HC160 接入电路后与译码器等电路元件共用同一时钟脉冲。

　　CLR:复位端,低电平有效,当 CLR＝0 时,输出端异步归零。

　　ENP:禁止计数端,低电平有效,当 ENP＝0 时,计数器失去计数功能。

　　ENT:计数和 RC 禁止端,低电平有效,当 ENT＝0 时,计数器失去计数和 RC 功能。同时,ENP 失去作用。也就是说,当 ENT 为低电平时,无论 ENP 是高电平还是低电平,都无法实现计数功能。

　　LOAD:寄存/计数端,低电平寄存,高电平计数,即当 LOAD＝0 时,计数器处于寄存状态,存储的是前一时钟周期的状态;当 LOAD＝1 时,计数器处于计数状态。

　　由以上关于 74HC160 功能的介绍,我们可以了解到:使用两个 74HC160 级联可以达到我们要求的 37 进制计数器,还要利用 LOAD 端的寄存/计数功能来设计数字显示的伪随机数发生器的复位功能。

　　在通常的集成电路中,要使电路的各个元件良好地工作在同一状态下,必须对其时钟控制电路进行设计和改善。在本电路中,我们使用 555 定时器产生时钟脉冲。接下来,我们对 NE555 作一介绍。NE555 引脚图如图 6.7.3 所示。

电子创新设计

146

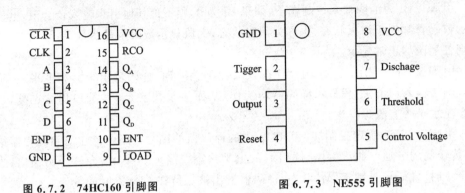

图 6.7.2　74HC160 引脚图　　　　图 6.7.3　NE555 引脚图

555 定时器的各引脚功能如下：

引脚 1 为接地端。引脚 8 为外接电源 VCC 端子，一般用 5 V 电源。引脚 3 为输出端子。引脚 2 为低触发端。引脚 6 为高触发端子。引脚 4 为直接清零端。当该端子接低电平 0 时，时基电路不工作，这时不论 TH 处于何电平，时基电路输出均为 0，该端不用时应接高电平 1。引脚 5 为控制电压端子。若此引脚外接电压，则可改变内部两个比较器的基准电压，当不用该引脚时，应将该引脚串入一只电容接地，以避免外部干扰。引脚 7 为放电端子。该引脚与放电三极管集电极相连，用作定时器时电容的放电。

555 定时器在本电路设计中，应使引脚 4、8 接 VCC，引脚 1 接地，引脚 5 加电容接地以防外部干扰，引脚 7、8 与引脚 6、7 间加滑动变阻器以改变输出时钟脉冲的频率，以达到产生时钟脉冲的作用。时钟脉冲的频率如下式，通过调节 R_1、R_2、C_1 可以得到不同频率的时钟：

$$f = \frac{1.443}{(R_1 + 2R_2) \cdot C_1}$$

图 6.7.4 所示为伪随机数发生器的电路图。由于只是使用计数器，所以并不复杂。在此电路的设计过程中，首先由 555 定时器产生控制 74HC160 计数的时钟脉冲。因此，在具体电路的制作与焊接过程中，可以在 555 定时器与计数器的连接线上加一开关。开关按下，则开始计数，开关松开，则停止计数并显示上一状态的数字。同时，可以通过调节其外接电容来控制其输出时钟脉冲的高低。在具体电路的制作过程中，作者使用的是 0～10 kΩ 的滑动变阻器，在安装焊接前，调节电阻到 5 kΩ，可以正常显示数字。

然后，由两个 74HC160 构成该电路的计数器。注意，由于我们只要求计数到 36，所以在设计时，由两个 74HC160 的 LOAD 端接出一个 74HC30（八输入"与非"门）来进行置位，设计我们对计数的要求，可以把个位的 DB、DC 端，十位的 DA、DB 端接入 74HC30 的输入端，其余输入端口则全部接 VCC，则可以达到异步置位的功能。

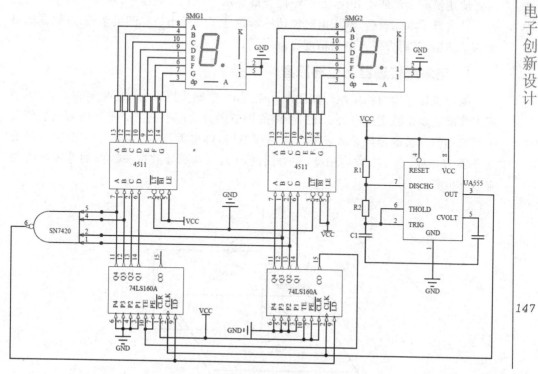

图 6.7.4　伪随机数发生器电路图

接下来,要将 74HC160 的输入端接入 CD4511 的输入端,把四位二进制数译码为供数字显示的 7 位数据。在数字显示器与 CD4511 之间,要加入能使数字显示器正常发光的电阻,在具体电路的测试中可知,使用 475 Ω 的电阻可以使数字显示器正常发光。

这种设计方案所制作出的伪随机数发生器的使用方法很简单。按下接通电源的启动开关后,LED 就显示各种数字。计数器的内容从 0 开始按序号变化,不是随机的。所以可以使用稍快的时钟脉冲。在按下停止开关后的一段时间内,计数器照样工作,然后停止在某一数字上。这个数字就是得中的数字。

本文分析了 555 电路、74HC160 计数器、CD4511 译码器等器件的基本工作原理,用 555 电路产生高频脉冲信号,用 74HC160 计数,通过 CD4511 译码后送入数码管显示一个随机数。

6.8　基于电涡流传感器的小位移测量系统

电涡流传感器是一种非接触式的传感器件,具有高线性度、高分辨力,可用于测量位移、振动和转速等静态和动态的相对位移变化。在日常实验中,对小位移的测量通常使用游标卡尺或千分尺,数据不能直观显示且存在读数误差,本设计对小位移测量工具进行了电化改造,利用电涡流传感器设计了一种小位移测量系统,能够自动显示测量结果,使用方便且测量精度高。

1. 电涡流传感器测位移原理

电涡流传感器的测量原理如图 6.8.1 所示,根据法拉第电磁感应定律,当传感器探头线圈通以正弦交变电流 i_1 时,线圈周围空间必然产生正弦交变磁场 H_1,它使置于此磁场中的被测金属导体表面产生感应电流,即电涡流,电涡流 i_2 又产生新的交变磁场 H_2,H_2 与 H_1 方向相反,并力图削弱 H_1,从而导致探头线圈的等效电阻相应地发生变化。

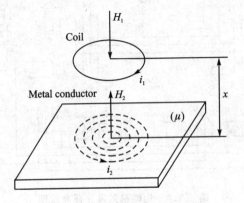

图 6.8.1　电涡流传感器原理

将被测金属导体上形成的电涡流等效成一个短路环中的电流,这样就可以得到如图 6.8.2 所示的等效电路。

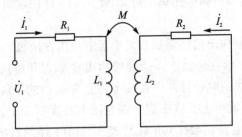

图 6.8.2　电涡流传感器等效电路

电路中除了自感 L_1 和 L_2, 外,探头线圈和导体之间存在一个互感 M,它随线圈与导体间距离的减小而增大。U_1 为激励电压,根据基尔霍夫电压平衡方程式,图 6.8.2 等效电路的平衡方程式如下:

$$\begin{cases} R_2 \dot{I}_2 + j\omega L_2 \dot{I}_2 - j\omega M \dot{I}_1 = 0 \\ R_1 \dot{I}_1 + j\omega L_1 \dot{I}_1 - j\omega M \dot{I}_2 = \dot{U}_1 \end{cases}$$

可推导出传感器线圈的等效阻抗为

$$Z=\frac{\dot{U}_1}{\dot{I}_1}=R_1+\frac{\omega^2M^2}{R_2^2+(\omega L_2)^2}R_2+\mathrm{j}\left[\omega L_1-\frac{\omega^2M^2}{R_2^2+(\omega L_2)^2}\omega L_2\right]$$

从而得到探头线圈等效电阻和电感为

$$\begin{cases}R=R_1+\dfrac{\omega^2M^2}{R_2^2+(\omega L_2)^2}R_2\\L=L_1-\dfrac{\omega^2M^2}{R_2^2+(\omega L_2)^2}L_2\end{cases}$$

由上式可知：涡流的影响使得线圈阻抗的实部等效电阻增加，而虚部等效电感减小，从而使线圈阻抗发生变化，这种变化称为反射阻抗作用。因此，可将探头线圈的等效阻抗 Z 表示为如下一个简单的函数关系：

$$Z=F(x,\mu,\rho,f)$$

其中：x 为检测距离；μ 为被测体磁导率；ρ 为被测体电阻率；f 为线圈中激励电流频率。

当固定其中三个参数时，便可通过测量阻抗的变化来测量第四个参数的变化程度，在测量位移电路中，常通过测量 ΔL 或 ΔZ 等来测量距离 x 的变化。

2. 利用电涡流传感器的位移测量方法

本设计使用变频调幅式谐振测量法来测量小位移，原理如图 6.8.3 所示。

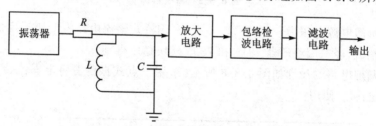

图 6.8.3 调幅式谐振原理图

测量中，当探头线圈逐渐远离被测金属表面时，LC 回路在某位移处谐振，谐振回路上的输出电压最大；当探头线圈接近（或远离）被测金属导体时，谐振回路的 Q 值发生改变导致回路失谐，使输出电压下降。输出电压与位移之间的关系即为位移型电涡流传感器的输出特性，如图 6.8.4 所示。

线圈轴向的磁场分布对涡流传感器的灵敏度和线性范围起决定性作用。线圈的匝数越多，线性范围越大；线圈薄时，灵敏度高，因此在设计传感器时，为使一定大小外径的传感器有较大的线性范围和尽可能高的灵敏度，要求线圈厚度越薄越好。本设计选用的线圈外径为 30 mm，内径为 25 mm，匝数为 500，轴向厚度为 10 mm。

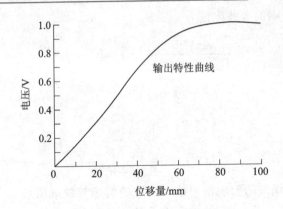

图 6.8.4　距离-电压变化曲线

3. 位移数显测量系统设计

位移测量系统使用电涡流传感器特性的前端近似线性部分,由传感器、信号调理电路、A/D 转换器、单片机及显示电路构成,系统原理框图如图 6.8.5 所示。

图 6.8.5　系统框图

系统所需电源电压为 +15 V 和 +5 V,利用桥式整流电路将变压器提供的 18 V 交流电压整流,经三端稳压器 7815 和 7805 模块稳压得到。

信号调理电路的设计如图 6.8.6 所示,采用三点式振荡源将电涡流传感器线圈作为谐振电感 L 使用。

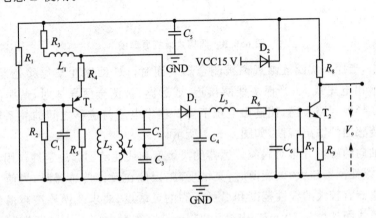

图 6.8.6　信号调理模块

T_1、C_1、C_2、C_3组成电容三点式振荡器,产生频率为 1 MHz 左右的正弦载波信号。电涡流传感器接在振荡回路中作为振荡回路的可变电感元件。线圈 Q 值发生变化,振荡器的谐振频率发生变化,谐振曲线变得平坦,检波输出的幅值 V_o 变小。V_o 的变化反映了位移 x 的变化。振荡器作用是将位移变化引起的振荡回路的 Q 值变化转换成高频载波信号的幅值变化。D_1、C_4、L_3、C_6组成了由二极管和 LC 形成的π形滤波的检波器。

数据采集电路如图 6.8.7 所示,使用 10 bit A/D 转换器 TLC1543 作为模/数转换器件,参考电压设置为 5 V,与调理电路输出电压最大限度匹配,A/D 转换器输出的数字信号由单片机读取,经过软件校准后由显示电路显示。

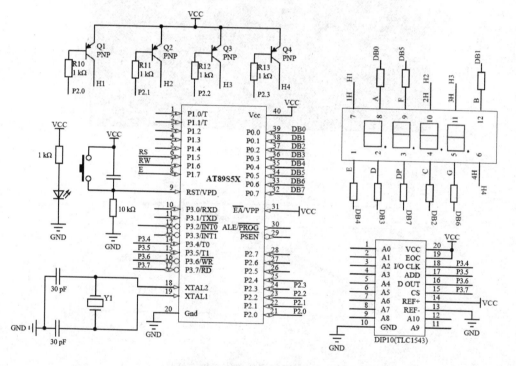

图 6.8.7　数据采集显示电路

使用单片机的引脚 P3.4～P3.7 控制 A/D 转换器的时钟、输入端口选择、数字量输出和片选端(CLOCK、D_IN、D_OUT、CS),使用引脚 P2.0～P2.3 控制数码管显示电路的位选信号,P0 口上拉后用于数码管显示数据的并行输出。实验中,为了便于调试系统,使用了游标卡尺作为基准元件进行了实验,实验电路的实物图如图 6.8.8 所示。

4. 实验与结论

由于实验中使用了电涡流传感器特性的前端近似线性的部分,所以输出采集的电压与距离之间并非严格线性关系,在量程内进行了实际测量,实验结果如图 6.8.9

中的棱形点线所示。为了使系统测量性能获得较好的线性度,需要对测量系统进行校准。实验中采用软件校准方法,在单片机内部建立误差表,采用逐点补差的方式校准,校准后的电压-距离关系能够保证测量的准确度及精度,校准后实际测量记录如图6.8.9中的方形点线所示。

图 6.8.8　实验电路

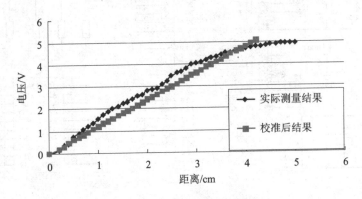

图 6.8.9　实际测量曲线与校准结果

　　设计中对距离测量仪器进行了电化改造,使用电涡流传感器设计了测量系统,通过实验验证了可行性,对实验数据进行了软件校准,达到了一定的精度。在实验教学及研究中,利用控制器与现代传感器结合,对实验测量仪器的改进和探索是一项值得实践探索的工作。

6.9　静脉输液自动监测系统

　　大多数输液过程一般是由患者、医务人员或陪同人员观察液体的剩余量,但总会有疏忽,导致液体滴空等情况。如果没有在第一时间发现,空气进入血管,会给患者增加一定的危险,甚至会危及患者生命。为避免静脉输液的这个缺陷,设计了静脉输液自动监测系统。当液体输尽时及时关断输液管并通知护士,同时实现液量的实时监测预警和输液速度的超速提醒。

1. 设计原理

将红外对射装置安装在滴壶两侧的位置,图 6.9.1 所示。

当有红外线经过液滴透射和未经过液滴透射时,接受的光强度不同,利用此原理可以对液滴进行计数,在一段时间内计时并除以滴液次数,可计算得到两次滴液的时间间隔和输液的速度。

图 6.9.2 所示为该系统的使用方法。系统的主要部件可安装在滴壶上部,步进电机位于输液管下方,作为关断输液管的执行部件。该系统实现了以下三种功能:

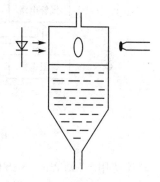

图 6.9.1　检测装置安装位置

153

① 测量和控制输液速度。控制步进电机的角度来挤压输液管,实现不同药品设定不同输液速度的功能。

② 液体输完后关断并报警。当检测到 3 个周期未出现液滴时,表示已经输完,控制步进电机锁死输液管,并控制警报按钮闭合,通知值班护士。

③ 显示剩余液量和剩余时间。通过输液初期设置不同的药瓶和药量规格,结合输液速度和每滴液量可估算出剩余药量和剩余输液时间。

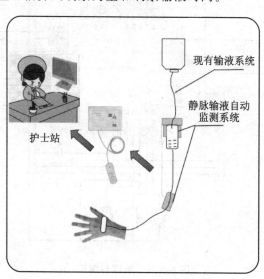

现有输液系统

静脉输液自动监测系统

护士站

图 6.9.2　静脉输液自动监测系统

2. 总体设计与硬件电路介绍

静脉输液自动监测系统由 STM32F103C8T6 开发板、检测计数电路（对射式红外传感器）、锁紧电路（ULN2003 驱动步进电机）、显示电路（LCD5110 液晶屏）、报警电路（蜂鸣器和 LED 灯）、按键电路（点动按键）组成，如图 6.9.3 所示。

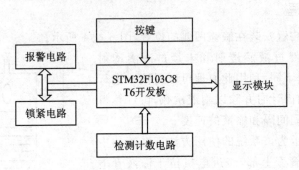

图 6.9.3　总体设计结构框图

设计使用 STM32F103C8T6 为核心控制器，如图 6.9.4 所示为主控制电路，其中包括电源电路、检测计数电路、锁紧电路、显示电路、报警电路、按键电路。在 STM32F103C8T6 开发板电源电路中使用 Mirco USB 接口电源＋5 V 供电。

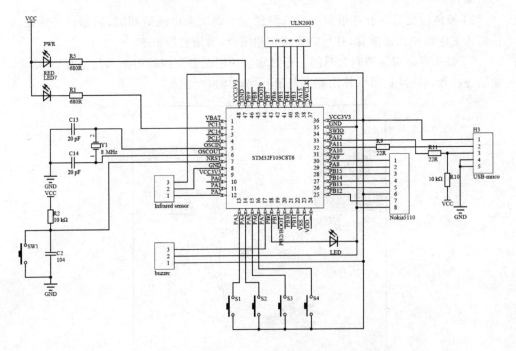

图 6.9.4　主控制电路

对射式红外传感器具有反射、折射、散射、干涉和吸收等特性。传感器电路如图 6.9.5 所示,射式红外传感器模块包括信号指示灯、电压比较器、红外对射传感器。当红外发射二极管和红外接收二极管之间有遮挡物时,经过电压比较器 LM393,输出高电平;没有遮挡物时,经过电压比较器 LM393,输出低电平。

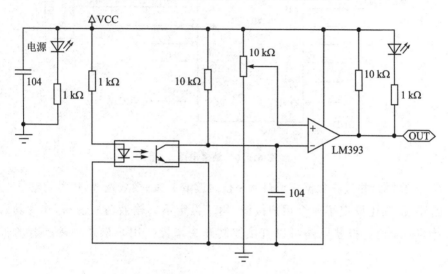

图 6.9.5　对射式传感器模块电路图

对射式红外传感器有 3 个引脚,引脚 1 是输出 OUT 接 GPIO 的 PA2,引脚 2 是 GND 接电源地,引脚 3 是 VCC 接电源 3.3 V。因为液滴具有对光的折射性,所以当液滴通过凹槽之间时,会阻碍接收管接收到红外线,接收管没有接收到红外线就会从 OUT 脚输出一个高电平,读取 PA2 端口的电平状态,为高电平单片机计数一次,累计次数。

锁紧电路由步进电机实现,步进电机驱动模块原理如图 6.9.6 所示。步进电机驱动板核心是 ULN2003,具体实现由脉冲信号、信号分配、功率放大、步进电机 4 个部分组成。由单片机模拟脉冲信号并发送给 ULN2003(脉冲数量决定步进电机总旋转角度),经过功率放大进行电压和电流的放大,然后驱动步进电机的各个绕组,使步进电机根据不同的脉冲信号,实现正转、反转、加速、减速和停止等动作。

显示电路使用 5110LCD 显示屏,以显示多达 4 行汉字,采用串行接口与主处理器进行通信,接口线数少,包括电源和地线共 8 条。5110LCD 显示屏的数据显示是通过发送指令和写入数据(RAM)随机存取存储器一起控制的。5110LCD 显示屏的指令格式可以分为两种模式,当 D/C(模式选择)为低电平时,即(位变量)DC＝0 时,它的模式是指令模式,所发送的 8 位字节为命令字节。当 D/C(模式选择)为高电平时,即(位变量)DC＝1 时,它的模式是写入数据(RAM)随机存取存储器模式,它的字节将存储到显示数据(RAM)随机存取存储器。每当一个数据字节存进去时,地址计

电子创新设计

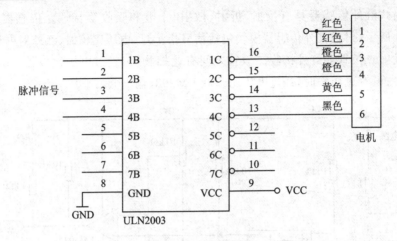

图 6.9.6　锁紧电路

数便会自动增加,并且在数据字节最后一位时读取 D/C(模式选择)信号的电平。

此外,系统还设定了 4 个用户按键,用于设定不同输液药瓶规格,作为剩余液量统计的初始值。报警电路可以直接控制开关来模拟用户操作医院已有的报警系统。

3. 软件设计

图 6.9.7 所示为系统的程序流程。首先,将用到的端口初始化、步进电机初始化、LCD5110 液晶屏初始化,执行显示提示语程序,在 LCD5110 液晶屏上显示提示语"请选择药水瓶规格""100　250　500",使用点动按键 S1、S2 和 S3 选择药水瓶的规格,按下 S1、S2 或 S3 使变量 capacity(药水总量)分别等于 100、250、500,然后判断对射式红外传感器输出的电平状态,读取到下降沿跳变则液滴数加 1,并根据公式药水剩余量=药水总量−(液滴数量×每滴的量),计算药水剩余量,在 LCD5110 液晶屏显示提示语"药水剩余量"和药水剩余的值。

正常滴液时,通过计算单位时间内的液滴量,再乘以标准滴的体积即可得到输液速度。当检测到 3 个周期没有液体滴下时,认为药液已经用完,执行步进电机锁紧程序、报警程序,步进电机会锁紧输液管以做到停止输液,显示程序在 LCD5110 液晶屏显示提示语"请换药水瓶或拔出针头"。如果需要再次输液就根据药瓶规格重启系统并设置即可。

4. 实验结果与结论

完成了系统样机的制作,进行了功能测试和准确度测试,测试系统如图 6.9.8 所示。功能测试中,系统实现了既定功能并能可靠关断输液管。

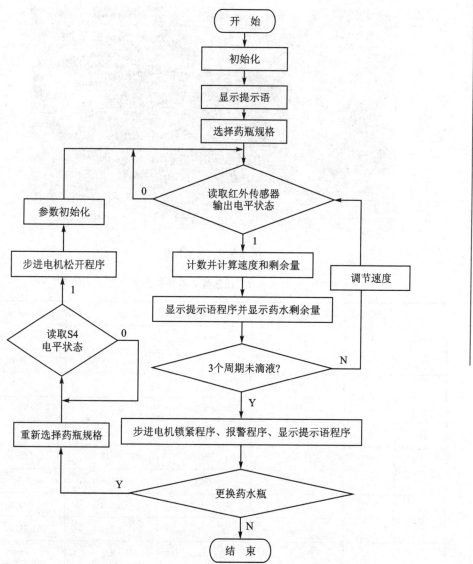

图 6.9.7　程序流程图

　　准确度测试主要是涉及传感器计数的准确度和剩余液体估算的准确度。计数的准确性和单位液滴体积直接决定了滴液速度和药水剩余量计算的准确性,实验中以带刻度的标准量具代替输液瓶,使用 100 mL 液体作为实验对象,以 10 滴/mL 型号的输液管进行测试。表 6.9.1 所列为计数值与滴药量测试。设置液滴指示灯,当检测到液滴时,指示灯闪亮一次,通过录像记录数据并人工读数。

电子创新设计

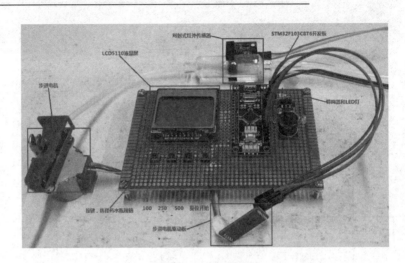

图 6.9.8　系统样机

表 6.9.1　计数值与滴药量测试

实际滴数	测量滴数	理论每滴液量/mL	理论滴液量/mL	计算滴液量/mL	实测滴液量/mL
10	10	0.1	1	1	1
30	30	0.1	3	3	2.8
50	50	0.1	5	5	4.7
80	80	0.1	8	8	7.5
100	99	0.1	10	9.9	9.7
200	197	0.1	20	19.7	19.5
300	295	0.1	30	29.5	30
500	493	0.1	50	49.3	49.8
700	690	0.1	70	69	69.5
900	887	0.1	90	88.7	90

　　由测试结果可知,液滴计数误差小于 0.015%,由于实测滴液量值为人工测量,且录像视角固定可能引入读数误差,计算后得到实测值与理论值最大误差为 6% 左右。此误差在计算剩余药量时会有所影响。

　　随着老龄化和少子化社会的到来,医疗陪护成为普遍难题。输液时,如果没有在第一时间发现液体已输完,容易给患者增加医疗的危险。本系统针对静脉输液问题,设计了一个静脉输液自动监测系统,解决了输液过程的监视问题,系统简单可靠,稍加改进即可用于实际医疗服务中。

6.10　基于单片机的四轴飞行器

四轴飞行器是一种深受学生喜爱的空中机器人,能很好地激发学生的学习兴趣,但多数方案过于复杂且有一定难度。本节介绍一种简易四轴飞行器,它可以实现横滚、俯仰、偏航等基本飞行动作,同时使系统的实现难度尽量小。它的设计涉及单片机课程中定时器、中断、A/D 转换等重要知识点,可作为单片机教学实训项目使用。

1. 飞行原理与器件介绍

四轴飞行器可分为两种飞行模式:一种为"X"模式,另一种为"＋"模式。"＋"模式在编程实现过程中具有简单和易分析性,因此本设计采用"＋"模式,如图 6.10.1所示。此时,机头位置为 A 电机位置。

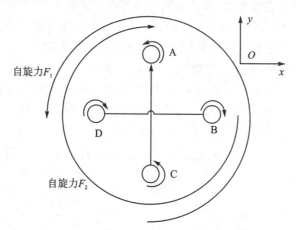

图 6.10.1　"＋"模式分析模型

一个最基本的四轴飞行器,可由以下几部分组成:飞行控制板、电子可调速电机、电子调速器、正反螺旋桨、遥控、电源和机架。飞行控制板用来控制电子调速器调节四个电机的转速进而调整飞行姿态。如图 6.10.1 所示,把四个电机按照图示顺序进行标号,得到四旋翼飞行器的简易分析模型。令 A、C 电机的转动方向为逆时针转动(反转),B、D 电机的转动方向为顺时针转动(正转)。正、反向转动的电机分别安装正向和反向螺旋桨。电机在转动时都会产生与机身平面垂直向上的拉力,同时会产生一个方向与桨叶转动相反的自旋力。A、B、C、D 四个电机按照规定的转向、相同的转速进行转动时,四个电机各自产生升力的合力为 F,同时机体的合成自旋力为零,飞行器处于无自旋状态,如果 F 大于四旋翼飞行器的重力,就可以使飞行器向上运动。

① 俯仰动作:增加 C 电机转速,同时减小 A 电机转速,保持 B、D 电机的转速不变。由于 C 电机产生的拉力就大于 A 电机,飞行器将会以 X 方向为轴转动,产生

"俯"的动作。同理,可实现"仰"的动作。飞行器对应俯仰运动可以做出"前后"的平移运动。

② 横滚动作:增加 D 电机转速,同时减小 B 电机的转速,保持 A、C 电机的转速不变,D 电机产生的拉力大于 B 电机,飞行器将会以 Y 方向为轴转动,产生向右"翻滚"的动作。飞行器对应横滚运动可以做出"左右"的平移运动。

③ 偏航运动:增加 A、C 电机转速,同时减小 B、D 电机的转速,此时,Y 方向产生 F_2 的自旋力大于 X 方向的自旋力 F_1,飞行器将平衡并顺时针转动,即右偏航。飞行器的左右偏航运动,可以实现飞行器的航向调节。

四轴飞行器设计时需要对组件进行选取,本设计仅对电机、电调、遥控及陀螺仪模块进行介绍。

航空模型电机选型的主要参数有电机的 KV 值、电机的最大推力、功率等参数。KV 值与电机的推力密切相关,即当电机所加电压每升高 1 V,电机对应转速的增加量就是 KV 值。电机的推力不仅与电机的 KV 值相关,还与电机所搭配的桨叶密切相关,相同的电机搭配不同的桨叶,产生的推力也不同。本设计采用的电机型号为新西达 2212 电机,其搭配桨叶及参数如表 6.10.1 所列。电机的 KV 值为 1 000,搭配 1047 桨叶,如图 6.10.2 所示。使用 11.1 V/3s 锂电池供电,电池的容量为 4 400 mAh,此时单个电机的最大推力大于 850 g,四个电机的推力大于 3 400 g,设计飞行器的总质量不大于 2 000 g,电机及桨叶可满足设计要求。

表 6.10.1　A2212 电机参数

桨叶类型	U/I 值(V/A)	转速/(r·min⁻¹)	推力/g	KV 值
GWS1047RS	11 V/15.6 A	6 810	886	1 000
GWS1047RS	10 V/14 A	6 530	745	1 000
GWS1060HD	11 V/13.1 A	7 630	745	1 000
GWS1060HD	10 V/11.6 A	7 260	675	1 000

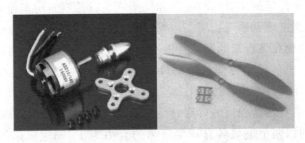

图 6.10.2　A2212 电机(左)1047 桨叶(右)

针对电机的不同,电子调速器(electronic speed control)可分为有刷电调和无刷电调两种类型。本设计选用无刷电调控制电机。无刷电调对输入 PWM 信号进行输入捕捉,利用一定功率的场效应管作为电流的放大器件对输入的电流进行放大。电调的实物图和原理图,如图 6.10.3 所示,设计选用新西达无刷电调,输出电流高达 30 A,可为电机提供充足稳定的电流。电调除了电源和地外只有一个"Signal_in"输入信号,用于接收单片机输出的 PWM 信号,电调的输出"X""Y""Z"三个端子,直接与电机的三相端子相接,为电机提供频率可调且相位相差 120°的电流。

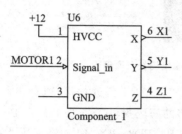 

图 6.10.3 电调的原理图(左)新西达电调实物图(右)

航模遥控器的参数主要有通道(chanel)数、频段(frequent)、控制距离等。通道就是控制模型中的一路相关控制功能,比如航模飞机中的油门通道、横滚通道等。遥控器的通道数越多,代表可以控制的功能越多。接收机(reiceiver)用来接收来自遥控器所发射的信号,将这些信号进行整形、滤波处理,得到 PPM 信号。设计采用 2.4G 富斯 FS-i6 航模遥控器及配套的 FS-iA6 接收机,如图 6.10.4 所示。

图 6.10.4 遥控器(左)和接收机(右)

飞行器通过陀螺仪传感器获取空间中 X、Y、Z 三个垂直方向上的角度偏差来计算电机的转动速度,其准确度极为重要,设计采用 ENC-03RC 陀螺仪模块,如图 6.10.5 所示。ENC-03RC 陀螺仪是一种应用科氏力原理的角速度传感器,设计中采用 3 片 ENC03-RC 模块分别对四轴飞行器上的横滚轴(ROLL)、俯仰轴(PITCH)、偏航轴(RUD)进行角速度测量,然后通过单片机的处理来调节飞行器的姿态。

2. 硬件电路设计

硬件电路设计主要包括飞控板设计及各个模块的接口设计,下面简要介绍飞控电路。

设计中 MCU 采用 ATMEL 公司生产的 AVR-Atmega16A 单片机作为主控制

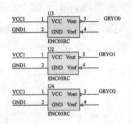

图 6.10.5　ENC03 陀螺仪模块及原理图

芯片,其部资源丰富,内部配置了硬件 I2C、SPI、UART 等通信接口,有 3 个外部中断引脚及 1 个输入捕捉引脚,这为 PPM 遥控器的解码提供了方便。图 6.10.6 所示为飞控板的主控部分原理图。单片机的引脚 PB2、PD2、PD3、PD6 将配置为外部中断引脚,对遥控器上的横滚(ROLL)、俯仰(PITCH)、偏航(RUD)、油门(THROTTLE)四个通道进行 PPM 解码。PA3~PA5 用来采集 PID 电位器的电压值,PA0~PA2 用于采集三个方向陀螺仪信号。

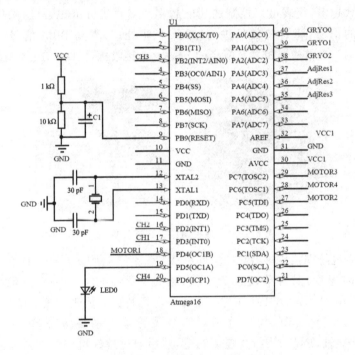

图 6.10.6　主控芯片接口原理图

　　飞行控制过程中,需要实时测量飞行器自身姿态角度,根据姿态角调节四个电机的转速,设计中常用闭环 PID 算法。为了使设计简单,本项目使用开环算法,直接使用三个可调电阻分压来设定其参数值大小,如图 6.10.7 所示。当飞行调试时,根据实际需要手动调节即可。

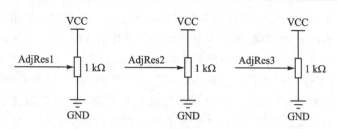

图 6.10.7 PID 参数电位器

3. 软件设计

在软件设计中,使用顺序程序设计。下面介绍系统主流程、遥控信号的接收与解码方法,以及陀螺仪控制和飞行控制。

如图 6.10.8 所示,四轴飞行器上电之后,飞行控制板上的 MCU 开始执行主程序。

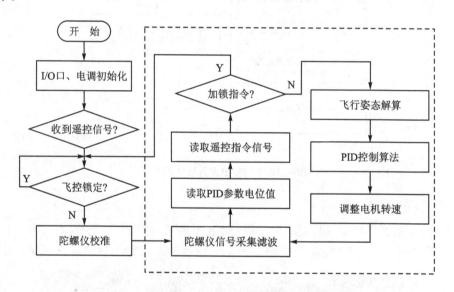

图 6.10.8 主程序流程图

执行顺序如下:① MCU 对设计中所用 I/O 资源进行初始化配置,如单片机的引脚 PB2、PD2、PD3、PD6 将被配置为外部中断引脚。同时,初始化电调使其能够控制电机。② 检测是否有接收机信号,检测飞控板是否处于锁定状态,锁定状态电机旋翼不旋转。③ 对陀螺仪进行校准,此时飞控板上的 LED 指示灯将会进行断闪。④ 采集陀螺仪信号进行均值滤波,并读取 P、I 参数电位器的值。⑤ 读取遥控指令,并解算飞行姿态,利用 PI 算法计算各个电机转速值,并将相应控制信号输出到电调。虚线内部区域为正常飞行时的无限循环部分。

遥控信号解码利用计时器检测高电平时间来完成。与接收器通道相连引脚的高电平触发单片机中断,在中断子程序中命令计时器开始计时,同时将下次中断信号更改为低电平触发,在低电平触发中断到来后,将时间存储。

ENC03 - RC 陀螺仪在使用过程中输出会带有噪声,使飞行器不能平稳地飞行。设计中陀螺仪的原始信号经过 MCU 的平滑窗滤波算法。连续读取三个轴向上陀螺仪的信号储存到相应的数组,对数组元素求均值作为该轴向上的滤波值。陀螺仪在正常使用前,需要将初始角度校正到 0 值。该值要在飞行之前确定,系统启动时将机体水平放好,通过单片机多次读取陀螺仪数值取平均作为校正值。

为了调试简单,仅用两个电位器的电位作为 PI 控制参数,对陀螺仪输出的角速度直接进行比例、积分的处理。如图 6.10.9 所示为 PI 控制算法的程序流程。

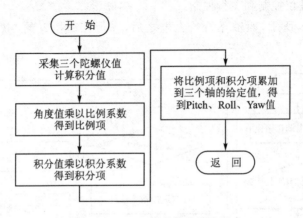

图 6.10.9　PI 控制算法子流程

4. 实验结果

利用实验板焊接了飞控板电路,同时组装了机架,进行实物制作,如图 6.10.10 所示。实验中通过 PID 整定经验调节三个电位器的值进行飞行稳定性调试。实验

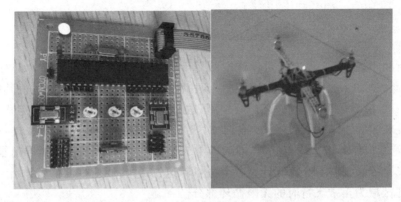

图 6.10.10　飞控板与四轴飞行器制作实物

表明,飞行器可以稳定地实现平飞、俯仰、横滚和偏航等基本动作。

　　本节介绍了一种基于单片机的简易四轴飞行器的设计方法,其目的是满足单片机教学基本实训要求,提高学生实训兴趣。该系统简单可靠,易于实现。而在器件选择、控制算法和传感器使用方面均有较大探索空间,可满足不同水平学生的实训要求。

6.11　太阳能无线充电器

　　无线充电技术是一种新型的充电技术,无需导线,并且快速、直接、方便。常用的无线电能传输方式有电磁感应式、电磁共振式、电磁辐射式三种主要方式。常用的无线充电充电器的设计方法有两种:一种是利用频率相同的电磁波进行电能传输的电磁共振技术;另一种是利用电磁感应原理,在初次级绕组上实现的电能传输技术的电磁耦合技术。本节介绍了一种利用太阳能进行无线充电的充电器的设计方法,太阳能产生的直流电由发射电路转为高频交流电,经过电磁耦合由接收端接收,再进行降压稳压处理,进而实现给移动终端进行充电。

　　设计中,充电器设定为慢充电方式,输出参数设计为 4.5 V,500 mA。选用单晶太阳能电池并使用 QI 标准线圈作为耦合器件,系统结构如图 6.11.1 所示。

图 6.11.1　系统结构图

1. 光电转换介绍

　　太阳能电池是能将太阳光能转为电能的器件,其材料可以为单晶硅、多晶硅、非晶硅、砷化镓等,设计中选用了光电效率较高的单晶硅芯片。

　　实验前,对单片电池板进行测量,在阳光充足的条件下,单片短路电压峰值为7.5 V,短路电流峰值为 50 mA,测量的数据值与标注值不同,以实际测量值为准。每块电池板所产生的短路电压、短路电流基本相同。太阳能电池板在本设计中作为能量源使用,提供 12 V 的直流输入电压和 500 mA 的直流输入电流,所以需要多个太阳能电池板进行串、并联。太阳能蓄电池的充电效率受到充电速率和环境温度的影响,为保证有载情况下在磁耦合接收端能够有充足的电能提供,太阳能电池板的输出电压应该尽可能稳定,但是由于自然光的照度属于不可控因素,所以采取多块串联的方法提高电压,再利用 DC - DC 模块降压使用。

2. 无线充电模组

无线充电模块主要由主芯片模块、外围线圈、隔磁片组成。主芯片模块是无线充电模组的主要部分,也是无线充电模组技术的核心。MP268 发射模组的输入电压为 12 V,可用太阳能电池板串联成输出 12 V 的电池组,外接稳压电路得到。发射模组输出电流为 300~500 mA 之间,最大功率为 5 W,工作频率在 100~200 kHz 之间,充电距离为 2~6 mm,接收模组电流可达 500~1 000 mA,电压 2~8 V 可调。发射接收端配隔磁片全面提升电能转换效率,电磁充饱率高,达到 95% 以上。

3. 无线充电模组的发射端

手机的充电电压一般为 5 V,MP268 的发射端输入为太阳能电池板输出的直流电压,通过 MP268 芯片形成一个稳定的高频电磁波。MP268 系列集成电路具有进度高精度,稳定性能好的优点(见图 6.11.2)。

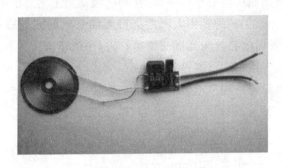

图 6.11.2 模组的发射端

实验中,要先将太阳能电池板产生的直流变为高频才能发射出去,设计中使用多谐振荡器完成。其原理是利用深度正反馈,让两个器件互相交替工作,从而产生高频率输出。我们采用发射极耦合多谐振荡器(见图 6.11.3),它的优点是输出幅度稳定,工作频率受限小,可以得到更高更稳定的振荡频率。

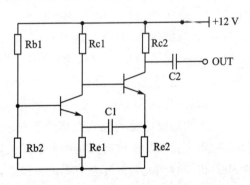

图 6.11.3 发射极耦合多谐振荡器

两只晶体三极管工作在非饱和状态,提高了三极管的开关速度,从而可以得到更高的振荡频率。耦合电容接在发射极上,能改善输出波形。

4. 无线充电模组的接收端

由于发射端传输过来的电压为高频振荡波,要先将高频振荡波进行交直流变换,通过二极管桥进行整流,获得直流电压。

太阳能无线充电器的无线充电模组(见图 6.11.4)发射出来的是高频波频率较高,不能使用普通二极管进行整流,实验中使用高频特性较好的肖特基二极管。高频整流效率主要是由反向恢复时间决定的,由于肖特基二极管的反向恢复电荷少,所以其反向恢复时间极短,适合用于高频应用。

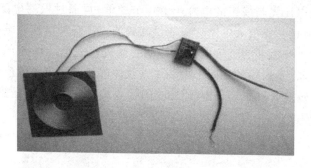

图 6.11.4　模组的接收端

5. LM2596 DC – DC 可调节降压模块

LM2596 DC – DC 可调节降压模块如图 6.11.5 所示,降压模块的输入电压范围为 $4.75\sim18$ V;输出电压范围为 $0.93\sim18$ V;输出电流:连续 2.5 A 输出峰值 4 A 输出;并带有软关机功能。使用同步整流技术,最高效率达到 98%。LM2596 DC – DC 可调节降压模块是高效率,低损耗的降压模块。

图 6.11.5　LM2596 DC – DC 可调节降压模块

太阳能电池模块,单片输出为 $6.1\sim7.5$ V,由于无线充电模组的输入电压要求 12 V,因此需要多块电池板串联,以输出 12 V 的稳定电压,稳压器的作用是将输出端的电压控制在 12 V,防止充电模组因电压过大烧毁。太阳能无线充电模组需要

300~500 mA 的输入电流,而单片电池板所能输出的最大电流为 120 mA,所以需要太阳能电池板并联,从而使电流增大达到无线充电模组所需的额定电流。

综上原因,我们需要将三块电池板并联,然后再将两组串联,从而达到无线充电模组的额定输入。串联后的电压已超出额定值,需要 LM7812 稳压器芯片稳压后输出可以达到 12 V。

6. 实验结果与结论

实验中(见图 6.11.6),太阳能电池板并联连接使光电流增大,并根据无线充电模组的输入参数来调节太阳能电池板的电压输出。模组由发射端和接收端两部分组成。发射端的工作是将直流通过一个振荡电路和功率放大电路变为高频波,具体方法是发射端输入电压先与模组的电容产生一个差值,再通过振荡电路形成一个交流电流,然后电流经过功率放大电路变成能量高频波。高频波被接收端接收,并进行稳压、降压,从而把高频波转为直流电流给移动终端进行充电。将 MP268 的发射端与太阳能电池组串联,发射端的线圈下由一块铁氧体隔磁片提供磁效应。由 MP268 发射端产生高频电磁波通过磁耦合由 MP268 的接收端接收,整流后送到 LM2596 DC - DC 的可调降压模块中,由降压模块输出满足充电参数的电压和电流。

图 6.11.6   太阳能无线充电器样机

在接收单元空载和负载两种情况下,保持发射线圈和接收线圈同轴,改变发射线圈和接收线圈间距,测量接收单元两端电压 DC(V),调节 LM2596 DC - DC 可调降压模块使其输出为 5 V,数据见表 6.11.1。

表 6.11.1   充电器输出与距离的关系

间距/mm	1	2	3	4	5	6
空载输出/V	5.38	5.37	5.37	5.36	5.36	5.32
负载输出/V	4.66	4.65	4.65	4.62	4.61	4.61
负载电流/mA	487	460	476	486	460	470

可见,随着线圈距离的增加输出电压均递减,但基本稳定,空载时,基本维持在 5.4 V 左右;负载时,基本维持在 4.6 V 左右,充电电流基本维持在 470 mA 左右,满足手机充电器对电压和电流的要求。

同时,模拟不同的天气条件,在不同强度的光照下对其有载输出电压和电流进行测量,结果表明该方案能够在不同天气情况下有效地使用,见表 6.11.2。

表 6.11.2　光强与有载输出的关系

光照强度	特强	强	中等	较弱	弱
负载输出/V	5	5	4.6	4.5	4.2
负载电流/mA	500	490	470	450	450

无线充电方式以其便捷性将逐渐替代有线充电方式,在远离电网或电能存储缺乏的情况下,与太阳能电池结合设计的太阳能无线充电器将大有所为,本节介绍了一种简单的太阳能无线充电方案,对其原理方法进行了详细的描述,经过试验,充电器可以满足对一般手机充电的要求。

6.12　多点无线温湿度采集实训系统

项目驱动法在电子类专业实训中的广泛使用,有效地提高了实践教学的效果,而综合实训项目的设计和开发也为实验者提出了更高的要求。本节基于从实际工程应用中提取的项目,结合单片机实训设计了一个多点无线温湿度采集系统,该系统有三个特点:第一,直接使用数字式温湿度传感器进行信息采集,克服在传统的温湿度测量系统中调理电路难于调试和不稳定的问题。第二,使用星形通信网络无线通信方式进行信息传输,克服有线节点设置烦琐和灵活性低的问题。第三,实训系统包含了单片机工程中常用的数据采集,无线通信、人机接口等内容,完全满足实训的需要,可以较全面地了解数据采集工程中的各个环节。根据温湿度测量的实际要求,设计了多点无线通信的方案,介绍了硬件电路和软件程序流程。

1. 设计方案

温湿度测量在工程中已有较多应用,由于空间的温湿度分布不均,通常要求进行多点测量,无线通信方式传输信息可以降低空间地理上的要求,免除布线工作。综合分析,系统设计中使用星形网络结构进行无线通信,如图 6.12.1 所示。

利用无线通信模块交互的主从机方式进行通信,从机为多个温湿度传感器节点,实现温湿度采集和无线通信功能,通过传感器将温湿度信号采集回来,经过校正处理后使用无线模块与主机进行通信。主机实现控制、查询、人机接口等功能,可以根据用户指令进行温度查询和存储,接收传感器节点传来的信息,提取出温湿度或故障信

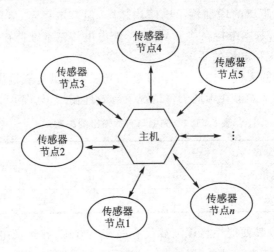

图 6.12.1　星形通信网络

息并进行处理。整个方案采用全数字化模块,硬件实现简单,稳定可靠。

图 6.12.2 所示为主机和传感器节点的结构图,二者都使用单片机作为控制器来进行外围模块的控制,存储器用于存储节点温度值,由键盘和显示模块提供丰富的人机接口。传感器节点只需要进行信号采集和传输,实际中可设置若干个节点,测量多个地点的温湿度,通过无线方式传输测量指令,实现分布式测量。当需要进行自动控制的场合,可以通过扩展节点功能,使用继电器等控制器对加热、制冷、通风、灌溉等设备进行控制。

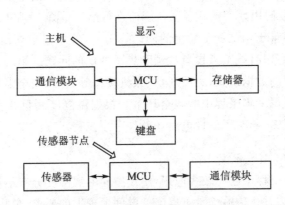

图 6.12.2　主机和传感器节点结构图

综合考虑温湿度传感器的性能指标及性价比,设计中使用 AM2301 数字温湿度传感器。该传感器是一款含有已校准数字信号输出的温湿度复合传感器;湿度测量精度约为±5％RH,温度测量精度为±0.5 ℃,它包括一个电容式感湿元件和一个 NTC 测温元件,并与一个高性能 8 位单片机相连接;具有品质卓越、超快响应、抗干扰能力强、性价比极高等优点;单线制串行接口,使系统集成变得简易快捷。

无线通信模块选用 2.4 GHz 高速嵌入式无线模块 NRF24L01,该模块使用 Nordic 公司的 NRF24L01 无线通信芯片开发,采用 FSK 调制,可以实现多点无线通信,通信速度可以达到 2 Mb/s,非常适合用来为 MCU 系统构建无线通信功能。

2. 硬件电路设计

实训中,硬件电路的焊接调试能清晰地认识工程各组成部分之间的关系。本系统硬件电路的设计可以分为主机和传感器节点两部分,二者使用相同的无线通信模块。

主机电路使用 51 单片机为控制器,如图 6.12.3 所示。

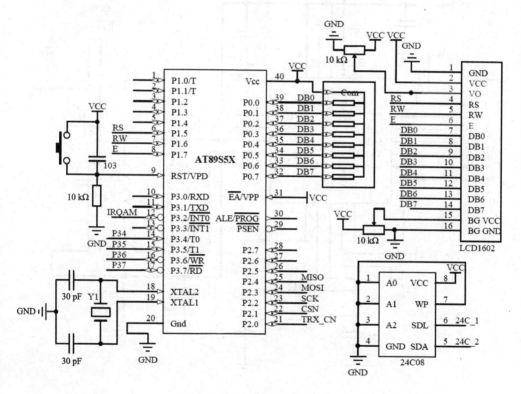

图 6.12.3 主机模块电路图

图 6.12.3 中,LCD 1602 为显示元件,使用 P0 口和 P1 口高三位分别作为显示器的数据线和控制线,4×4 矩阵键盘作为输入接口,使用反转法与 P3 口高 4 位相连,传感器节点状态和测得的温湿度信息使用 24C08 存储。实训中,明确单片机硬件资源分配,使学生更好地思考系统设计原则和方法。

图 6.12.4 所示为无线通信模块电路图,使用 NRF24L01 单片无线收发器作为通信芯片,该芯片工作在免费的 2.4~2.5 GHz 的 ISM 频段,功耗较低。芯片通信使用 SPI 协议,可直接利用单片机的 I/O 口进行模拟,实现串行通信。通过阅读技术文档,使学生学会分析使用新器件,锻炼其知识迁移能力。

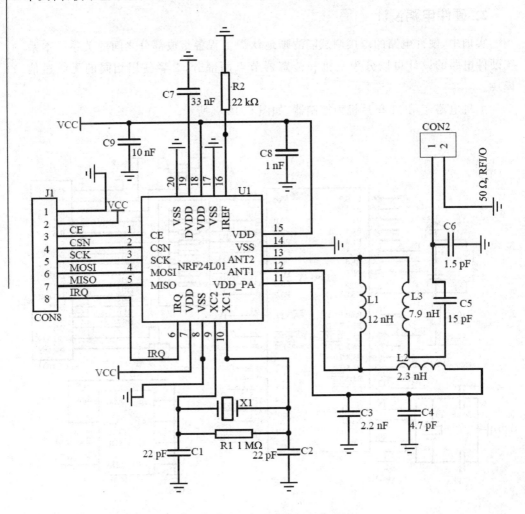

图 6.12.4 无线通信模块电路图

传感器节点的功能是获取温湿度值并收发无线信号,主要由单片机、温湿度采集模块和无线数传模块组成。同样,使用 51 单片机进行控制,无线通信模块设计与主机相同,使用 P1 口高 5 位和外部中断 0 控制无线通信,P1.0 用于读取 AM2301 传感器采集的温湿度信号,单总线 SDA 接上拉电阻使总线空闲时保持高电平,如图 6.12.5 所示。

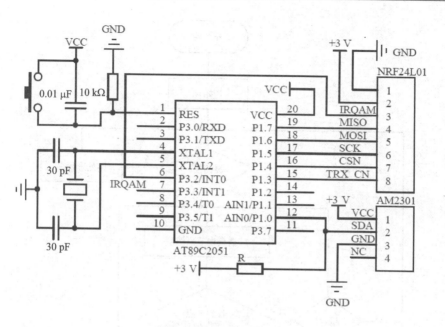

图 6.12.5　传感器节点电路图

3. 软件程序

软件程序设计调试是单片机实训中的难点和重点,软件流程的设计可以使功能性要求程序化,有效地锻炼学生的产品设计能力。该系统软件程序设计主要涉及主机程序、传感器节点程序。

根据设计要求,由于 24L01 实时通信只限 6 个节点,为了允许设置更多的节点,主机与传感器节点之间使用点对点通信方式进行数据的传输,每个传感器节点设置一个地址,主机通过广播方式对节点进行查询,程序设计流程图见图 6.12.6。主机分时对传感器节点进行点对点数据通信,如果传感器节点没有在规定时间内正确地返回温湿度数据或者返回的是故障信息,则报警,提醒用户更换节点。如果收到符合要求的节点温湿度数据后,则分解后存储,并存入显示缓冲区。此功能设计在信息处理部分,可以使用键盘进行显示等功能的实现,使用 LCD 1602 调用显示缓冲区内容显示。

传感器节点用于采集并回传温湿度信息,上电初始化后,无线模块处于接收模式,当接收到主机的广播信息后,判断查询地址是否与本节点地址相同,若相同则对温湿度传感器进行读数,校验正确后回传数据,否则继续读数;如果在规定时间内不能正确读数则返回传感器故障信息,提醒更换节点,如图 6.12.7 所示。

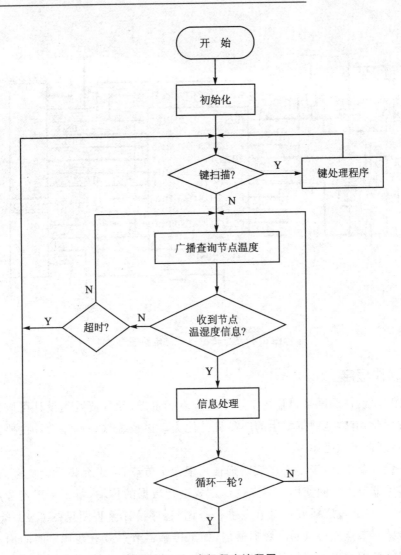

图 6.12.6　主机程序流程图

4. 结　论

实训项目的实验教学研究是现代实验教学研究的重要内容。本节结合实际工程应用,进行了多点无线温湿度采集系统实训项目的设计,并介绍了软硬件系统的设计,项目综合性强,需要协作完成,能够较好地培养学生的工程素质,同时引导学生从工程中学习,建立学为所用的思想,使学生能运用所学知识分析思考生活中的问题,激发学生的创造性。

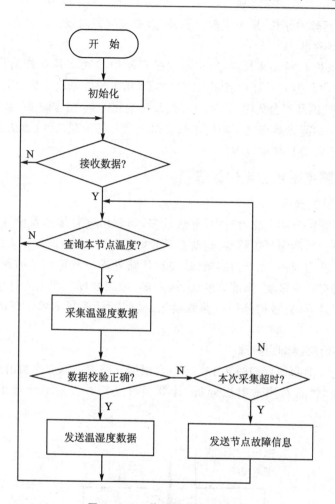

图 6.12.7　传感器节点流程图

6.13　嵌入式微距测量实验平台

　　在基础物理实验中通常要用到微小距离的测量,随着嵌入式技术和各种传感器的出现,为测量方法研究注入了新的活力,而利用电子测量技术与嵌入式相结合的方法,对现有实验系统进行改进也成为实验研究的一个方向。微距测量的一个典型应用就是大学物理实验中对杨氏模量的测定。杨氏模量是表征固体材料性质的一个重要的物理量。在研究纵向弹性形变时,测量的样品通常为一根粗细均匀的细钢丝。

　　根据胡克定律,在弹性限度内有

$$\frac{F}{S} = E \cdot \frac{\Delta L}{L} \quad 则 \quad E = \frac{F/S}{\Delta L/L}$$

式中：L 为细钢丝的原长；S 为横截面积；F 为沿长度方向施力；ΔL 施力后长度改变量；E 杨氏弹性模量。

实验中，原长 L 可由米尺测量，钢丝的横截面积 S 可先用螺旋测位计测出钢丝的直径 d 后算出。但对长度改变量 ΔL 的测量，用米尺准确度太低，用游标卡尺和螺旋测位计测量范围又不合适（当 $L \approx 1$ m 时，F 每变化 1 kg 相应的 ΔL 约为 0.3 mm）。可见，该实验中的测量难点在于对钢丝长度微小变化的测量，传统方法使用光杠杆放大法，实验难于调节且精度较差。

1. 微距测量系统的电化改造

(1) 传感器的选择

在微距测量实验的电化改进中，方法较多，如利用电容传感器设计了测量仪，利用霍尔式位移传感器测量位移等，这些都是较好的改进方案，而近年来产生的光纤传感技术是以光波为载体，光纤为媒质，感知和传输外界被测量信号的新型传感技术。光纤传感器具有高灵敏度、高准确度、结构简单、稳定性好。使用光纤传感器作为物理量的获取工具，可直接得到微位移测量结果，使杨氏模量中微位移测量变得简单易行。

(2) 光纤传感器测距原理

反射式光纤测距原理如图 6.13.1 所示，根据光路可逆原理先画出接收光纤对于反射面的镜像，然后利用透射法分析，计算接收光纤在发射端光场中接收到的光强值。

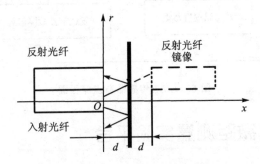

图 6.13.1　光纤传感器测距原理

反射面垂直于光纤探头端面移动，设反射面到探头间距为 d(mm)，两光纤间距为 r_0(mm)，反射体的反射率为 R，近似的，用接收光纤端面中心处的光强作为整个纤芯面上的平均光强，则可以得到光纤探头的调制函数为

$$\omega(x) = \sigma \alpha_0 [1 + \xi (x/\alpha_0)^{3/2}]$$

式中：I_0 为由光源耦合入发射光纤中的光强，lm/sr；σ 为一表征光纤折射率分布的相关函数，对于阶跃折射率光纤 $\sigma = 1$；α_0 为光纤芯半径，mm；ξ 为与光纤种类、光纤的数值孔径及光源与光纤耦合情况有关的综合调制函数；S 为接收光面，即纤芯

面,mm^2。

由光纤探头的调制函数表达式可知,当被测物确定,且入射光源稳定的情况下,接收端光强是距离 d 的函数,光强反映了位移的情况,将测量位移转换成对光强的测量,上述反射式光纤传感器的电压位移特性如图 6.13.2 所示。

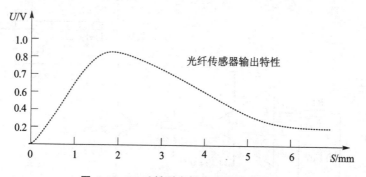

图 6.13.2 反射型光纤传感器输出特性

当探头与被测物之间的距离增加时,接收端光纤接收的光量也越多,输出信号便增大,当探头与被测物之间的距离增加到一定值时,接收端光纤全部被照明,此时被称为"光峰值"。达到光峰值后,当探针与被测物之间的距离继续增加时,将造成反射光扩散或超过接收端接收视野,使得输出信号与量测距离成反比例关系。在测量系统的设计中,我们使用了其特性曲线前部的线性部分。

2. 微距测量实验平台设计

(1) 设计方案

系统总体设计框图如图 6.13.3 所示,由光纤传感器、信号调理电路、A/D 转换电路、微控制器和液晶显示电路构成。

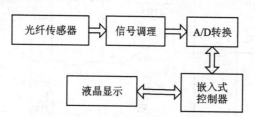

图 6.13.3 杨氏模量测量系统框图

在该系统中,光纤传感器将距离信号转换为微弱的电压信号,经信号调理电路整流、放大后,为 A/D 转换器提供合适的直流电信号,A/D 转换器采集该直流信号并转换成数字信号,单片机将 A/D 传来的数字信号存储、处理并将结果利用液晶直接显示出来。

(2) 信号调理

调理电路为设计的难点所在,光纤传感器的发射端采用发光二极管作为光源,接

收端利用光电二极管作为光检测器。发光二极管的发光强度由流过的电流来控制,
为保证在测量过程中有稳定的光源强度,利用稳压二极管 D1 钳位电压,结合运放
AP1 使三极管 Q1 的集电极电流稳定,如图 6.13.4 所示。

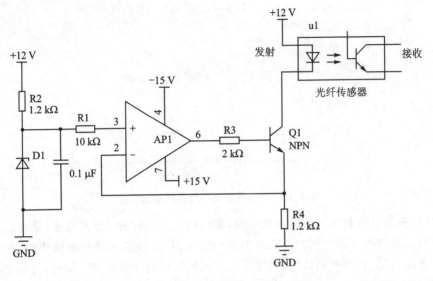

图 6.13.4　光纤传感器的发射端电路

当光电二极管将接收光纤耦合的光强转换为电信号后,有利用了两个运放进行
信号的调理,前级运放构成比例放大电路,将小信号放大,后级运放构成比例积分电
路进一步调理信号,最终输出信号范围 0～5 V,如图 6.13.5 所示。

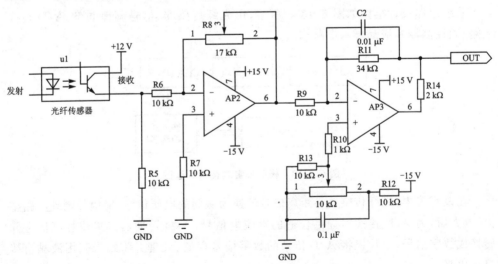

图 6.13.5　光纤传感器的接收端调理电路

（3）数据采集与显示

数据采集电路使用了 10 位 A/D 转换芯片 TLC1543，其参考电压设定为 0～5 V，（信号调理电路将光纤位移传感器输出的微弱电压信号放大滤波后整理成 0～5 V 的直流信号）分辨率约为 5 mV，位移分辨率约为 2.5 μm。

在系统的嵌入式控制部分，采用单片机为控制器简单易行、成本低。模拟电压信号经 TLC1543 输入，A/D 转换后的数字信号经单片机采集后由 LCD 1602 显示，如图 6.13.6 所示。

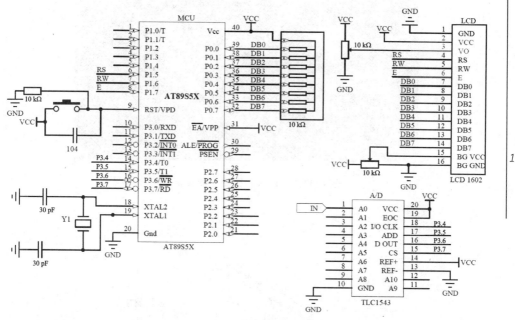

图 6.13.6　数据采集与显示电路

179

时钟、输入端口选择、数字量输出和片选端（CLOCK、D_IN、D_OUT、CS）分别与单片机的引脚 P3.4～P3.7 相连接进行数据的传递，而利用引脚 P1.5～P1.6 分别连接 1602 的状态、读/写、使能信号对其进行查读/写控制。实验中，利用改装千分尺作为实验数据的测量标准，通过软硬件调试最终得到了预期的实验结果，如图 6.13.7 所示。

3. 实验结果与分析

在设计中，利用了该光纤传感器特性曲线前部，而其特性与位移并不是严格的线性关系，实际测量曲线如图 6.13.8 所示。我们通过选择较高位数的 A/D 转换器，通过分段线性校准的方法，在较小的区域内利用软件将其拟合为直线，使得该系统在 0～2 mm 内有较好的线性。

图 6.13.7　嵌入式微距测量实验系统

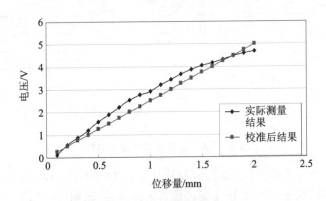

图 6.13.8　实际测量曲线的校准

在物理实验中,对于微小位移的测量是实验的难点且精度较低,本节以微小位移测量为出发点将现有实验中的测量方法进行了电测改造,以杨氏模量实验中微小位移测量为依托,引入先进光纤传感器件,结合界面友好且使用方便的嵌入式控制技术,对传感器输出进行数字化处理和显示,直接得到微位移测量结果。

6.14　基于红外通信的单片机实训平台

在单片机的实训教学中,项目驱动是一种较好的训练方法,固定且较少的实训项目已不能满足现代单片机实训教学的需要,实训教学对项目的多元化提出了新的要求。而开发丰富的,既能扩大学生视野又能激发学习兴趣的,符合学生实训要求的新项目,已然成为实验教学的一个重要任务。本节针对单片机实训教学的要求,从实际问题出发,开发了一种基于红外通信的试卷保密箱系统,该系统可靠有效,能够较好地满足单片机实训教学的需要。

1. 基于项目驱动的实验系统开发

(1) 系统开发背景

在单片机的后期实训教学中,应该着重锻炼学生在实际项目驱动下分析问题、解决问题的能力,同时也培养团队协作精神。对项目任务的选取和开发应该具有一定的现实背景和应用意义,满足实训多元化的要求。试卷的保密工作与师生关系密切,该工作直接影响着考试的公平性和公信度。试卷的泄密和作弊有很多情况是由于考试工作人员过早地开启试卷,将试题外泄以及考后不能及时回收试卷,或回收后又擅自开封而造成的。结合单片机教学中实训多元化的要求,从现实需要出发,设计了一种通过红外方式通信的试卷保密箱。

(2) 系统功能要求

利用严格控制试卷箱考前开启(防止提前开启)和考后关闭(防止延时收卷)的时间来进行试卷保密。设计系统应具有如下基本功能:

① 试卷箱电动锁只在固定时间开启,其余时间不能动作(如考试时间为 8:30—10:30,开启时间设为 8:25—8:30 和 10:30—10:35,5 分钟用于取出和放回试卷)

② 试卷箱要配有遥控器对试卷箱的时间进行设置,同时可以利用其打开箱子,用于阅卷。

2. 红外无线授时试卷保密箱的设计

(1) 设计方案

根据以上所述功能要求,设计方案如图 6.14.1 所示,系统由一个遥控器和若干个试卷箱构成,二者通过红外方式进行通信。

1) 遥控器的功能要求

首先,遥控器能够调节自身的时间和设置两个开锁时间并存储;其次,可以通过无线方式发送时间信息或开锁信息,同时能够接收反馈的校验信息;最后,有键盘采集和液晶显示功能,人机界面友好。

2) 试卷箱的功能要求

首先,能够接收遥控器发送来的数据、校验并存储,并且能够反馈校验信息;其次,也应具有良好的人机交互界面。

实训时,可将学生分为两个设计小组,分别对遥控器部分和试卷箱部分进行设计训练,两组人员必须交流沟通、团结协作,在统一的通信协议下才能完成信息的交互。在培养团队精神的同时,通信协议的开发可以给学生更多的讨论和自由发挥的空间。

(2) 红外通信协议

本设计采用了一种简单的异步通信方式：数据被打包成若干帧依次发送，遥控器将数据发送完毕后等待接收箱子返回的校验反馈信息，箱子接收帧信息后校验并向遥控器反馈校验结果，遥控器在接收到箱子校验结果后显示信息，错误时，手动重发。通信机制如图 6.14.2 所示。

图 6.14.1 系统结构 　　　　图 6.14.2 帧信息传输

时间表达使用 BCD 码，共用 6 字节表示，如：2012 年 11 月 1 日 10∶30∶55，表示为 0x121101103055；针对试卷箱的时间设置，遥控器需要发送三种时间，分别为当前时间(用于试卷箱中时钟芯片校时)、首次时间(用于考前开锁)、二次时间(用于考试结束开锁)，数据格式如表 6.14.1 所列，总时间信息共 18 字节，分解为 9 个信息帧进行发送。

表 6.14.1 数据格式

信　息	数据格式
时间格式	年-月-日-时-分-秒(BCD)
信息帧	帧头＋2 字节信息＋反码校验
校验帧	帧头＋AA(对)或 55(错)＋校验
开锁帧	帧头＋4 字节开锁密码

红外通信底层协议采用应用广泛、编解码容易的 NEC 编码方式，采用脉宽调制的串行码，载波为 38 kHz，以脉宽为 0.56 ms、间隔为 0.565 ms、周期为 1.125 ms 的组合表示二进制的"0"；以脉宽为 0.56 ms、间隔为 1.69 ms、周期为 2.25 ms 的组合表示二进制的"1"，每帧包含 4 字节，帧时间结构如图 6.14.3 所示。

(3) 遥控器设计

遥控器电路由单片机、LCD 12864 显示器、红外收发电路、时钟芯片、矩阵键盘构成，如图 6.14.4 所示。单片机的 P0 口和 P2 口的低 3 位用于读/写 12864 液晶，P1 口低 3 位用于时钟芯片的读/写，P3 口用于连接矩阵键盘，P2.7 用于控制发送红外信号，P2.6 连接蜂鸣器。

键功能的分配是功能实现的第一步，如表 6.14.2 所列，设置了 6 个功能键和 10 个数字键，其中功能键"加"、"减"和数字键用于调整时间信息，"设定"键用于更改时间调整的对象,"转换"键用于转换不同的时间信息显示,"开锁"和"发送"键用于发送开锁信号和 3 种时间信息。

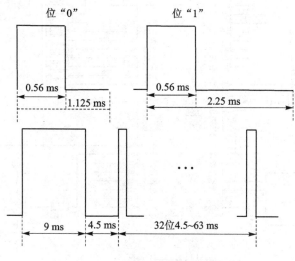

图 6.14.3　数字信号和帧结构

表 6.14.2　键盘分配

矩阵键盘功能设置/键码			
1/0x00	2/0x01	3/0x02	设定/0x03
4/0x04	5/0x05	6/0x06	开锁/0x07
7/0x08	8/0x09	9/0x0A	转换/0x0B
0/0x0C	发送/0x0D	加/0x0E	减/0x0F

单片机资源的分配是极其重要的环节,对于多任务系统应用来说,合理分配时间是关键,为保证各部分及时响应,对主要任务优先级做如下排序:红外信号的传输＞显示＞键盘采集;利用定时 T0 中断方式显示,利用定时器 T1 定时发送红外数据信号,利用定时器 T2 模拟 38 kHz 红外载波。

(4) 保密箱设计

保密箱部分电路实现由单片机、红外收发电路、时钟芯片、液晶显示 1602、电动锁构成,如图 6.14.5 所示。单片机的 P0 口和 P2 口的低 3 位用于液晶显示 1602 的读/写,P1 口低 3 位用于时钟芯片的读/写,P3.2 用于红外收/发,P3.3 用于控制电动锁动作,P2.6 连接蜂鸣器,P2.7 连接了一个独立按键,可以控制液晶开关,达到节电的目的。

为了及时接收红外信号,使用外中断方式进行红外信号的检测,同时使用定时器 T1 计算时间解码和定时计数器 T0 来保证正常显示。

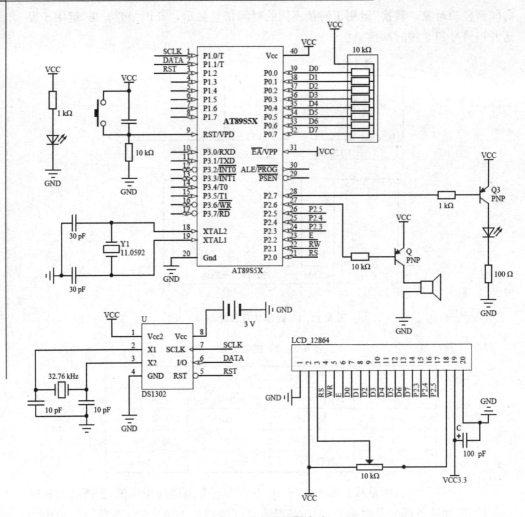

图 6.14.4　遥控器电路

(5) 软件设计

软件的设计使用模块化设计方式,遥控器部分软件主流程如图 6.14.6 所示。

程序启动时,只有"设定"、"转换"、"开锁"和"发送"键可以使用,"转换"键用于在 3 种显示(时间)之间转换,当前显示内容可调,用"设定"键选择调节数字的位置,"加""减"或数字键用于修改时间信息,转换时自动保存数据。"开锁"和"发送"用于发送开锁信息和时间信息。显示程序设置显示缓冲区,转换显示内容时,程序重装缓冲区数据,转换到下一状态时,自动保存设定的数据,显示程序利用定时器中断扫描显示缓冲区显示。

保密箱程序同样利用定时器中断方式显示,使用高优先级外中断方式发出红外接收子程序,当所有信息接收完毕后,校验信息并反馈校验结果。

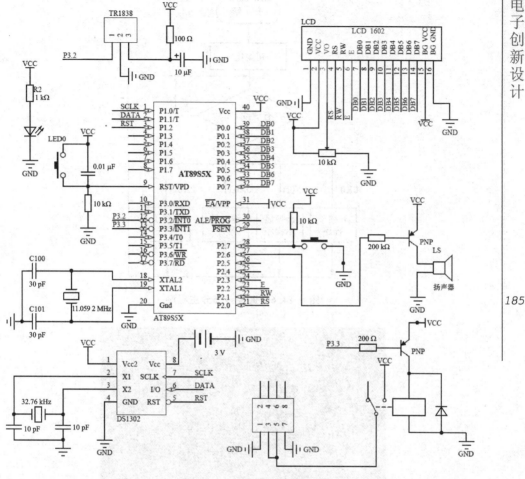

图 6.14.5 保密箱电路

3. 实验结果

整个系统的功能实现需要两部分紧密结合,总体考虑各种情况,有效测算各类时间,在保证基本功能实现的情况下,尽量做到友好的界面和良好的用户体验。在实验阶段,我们使用开发板进行了实验,如图 6.14.7 所示。图中,上部的开发板连同电动锁构成了保密箱部分电路,下部的开发板作为遥控器使用。实验表明,系统满足"(2)系统功能要求"中所提出的要求,验证了设计的合理性和可行性。

从单片机实训中项目驱动的教学模式出发,结合实际问题,提出系统功能要求,开发了一种基于红外通信的保密箱系统,在系统设计和调试过程中,能有效地将理论与实践紧密结合,锻炼学生的实际工程能力,培养良好的团队精神。实训项目的多元化教学深受广大师生喜爱,在此基础上,开发更多的实训项目,拓宽视野,因材施教,进一步深化教育教学改革,激发学生的兴趣是实训工作努力的一个方向。

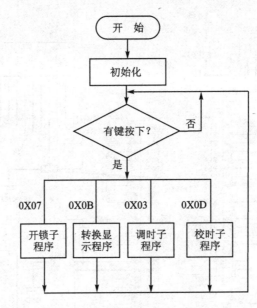

图 6.14.6　遥控器部分主程序

图 6.14.7　实验系统

6.15　模块化 LED 点阵显示屏实训系统

LED 点阵模块在单片机教学中早有应用,由于其显示效果好,可以很好地激发学生的学习兴趣,非常适合作为实训教学项目使用。但 8×8 点阵模块无法显示汉字,当其直接连接成更大的点阵显示屏时需要连线较多,不适合实训操作,且灵活性较差。针对这一问题,基于模块化设计思想,设计了一种可级联的 16×16 点阵模组,即可单独使用显示汉字,也可自由级联形成更大规模的点阵屏作为实训项目使用。本设计利用 12 个点阵模组进行了实训项目设计,搭建了一个 32×96 室内用 LED 显示屏系统。该系统可以很好地作为单片机实训项目使用。

1. 实训项目设计方案

实训系统设计框架如图 6.15.1 所示,该系统基于 16×16 点阵模组,将若干块模组进行级联构成一定规模的显示屏,使用 12 个模组 2 行排列级联。在实训项目设置方面,可根据学生能力水平不同设置难度不同的项目,如图 6.15.2 所示。可从点阵屏规模大小、显示效果数、程序规范度及答辩效果 4 个方面进行灵活设置和综合评价,MCU 根据项目需要选择即可。

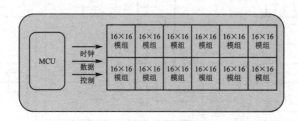

图 6.15.1　设计框架结构

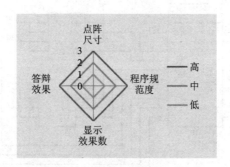

图 6.15.2　项目难度及评价

2. 系统硬件设计

点阵模组是显示屏实训项目的基本单元,其主要控制电路包括行控制和列控制 2 个部分。行控制电路原理如图 6.15.3 所示。

模组使用输入口 J_IN 和输出口 J_OUT 2 个排线接口,分别设置到模组两侧便于级联。接口采用 10 针排线,除 4 脚的数据线连接不同外,其余接口的行控制信号 DCBA、列数据信号 DATA、时钟信号 CLK 及行消隐信号 OE 均直连,用于模块级联。级联时,将 2 个模组相邻接口使用导线或跳线帽短接即可。

模组使用 2 个 74HC138 级联成 1 个 4/16 译码器,用于行控制。其中,DCBA 四线对应了高到低的 4 位二进制行选信号,当 D 信号为低电平时,U1 工作,U2 不工作;为高电平时则相反,将接口送来的 4 位二进制控制信号进行译码选通 16 行之一。

其中,OE 信号用于行信号使能,当其为高电平时,74HC138 控制芯片内部"与"门封门,其输出脚均为高电平,无行被选通,该控制脚可关闭整个模块,程序设计中用于消隐。为了提供足够电流,使用行控信号作为门极控制端,控制双 P 沟道增强型MOS 管 MV4953 作为负载的电流开关。R1~R16 接下拉电阻保证 MOS 正常工作,并直接驱动点阵屏。

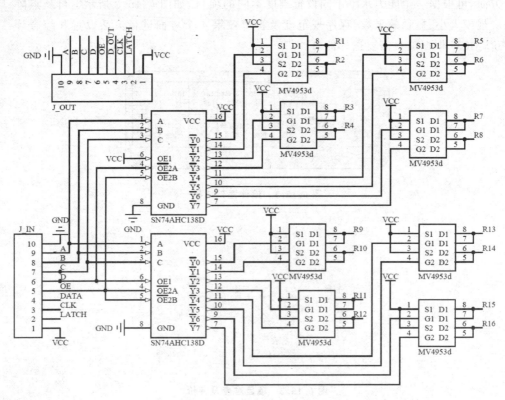

图 6.15.3　16×16 点阵模组行控制电路

图 6.15.4 所示为 16×16 点阵模组列控制电路。点阵模组的列控制使用74HC595 芯片,列显示数据利用 MCU 发送到串/并转换芯片中,通过 RCLK 信号统一进行锁存输出。每个模块信号宽度为 16 位,后一个 74HC595 芯片的数据输入端与前一个芯片的移位输出端相连,16 位数据依次移位填满两个芯片。其中,前面 595芯片的移位输入端 SER、后面 595 芯片的移位输出端 Q7 分别与模块两侧接口 G_IN的 DATA、G_OUT 的 D_OUT 相连,作为模组中字模字节信息的入口和出口。

图 6.15.5 所示为点阵连接原理图,模块选用 3.75 mm 的室内使用 LED 8×8点阵模块,共阴极控制,4 块进行连接,构成 16×16 点阵模块。

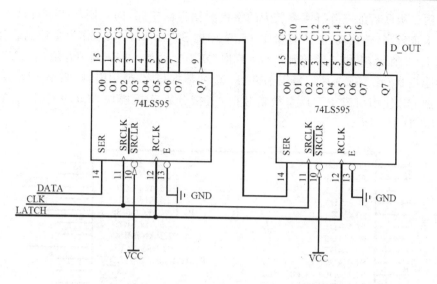

图 6.15.4　16×16 点阵模组列控制电路

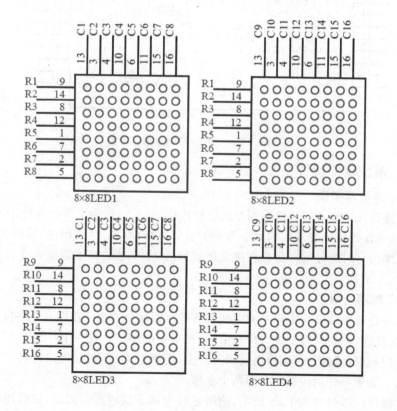

图 6.15.5　模组点阵连接原理图

　　由于级联后的点阵屏需要较大的字模数据存储空间,同时刷新速率对单片机主频要求也较高,选用高速、大容量 1 TB 单片机 STC15F2K60S2 作为主控制芯片,如图 6.15.6 所示,提供 4 种控制信号:数据 DATA、时钟 CLK、列锁存输出 LATCH、行消隐控制 OE。前 3 种信号用于控制 595 列数据写入,使用引脚 P2.4~P2.6;行消隐控制 OE 使用引脚 P2.1;系统搭建时,直接分别连接模块接口的 CLK、DATA、OE、LATCH 即可。

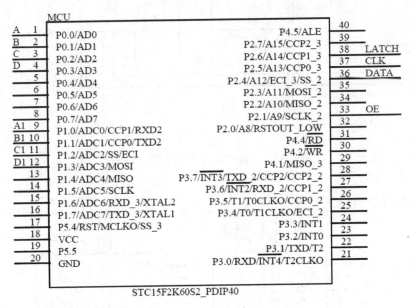

图 6.15.6　MCU 控制电路原理图

3. 系统软件设计

(1) 取显示字模

　　软件设计需要进行字符和图片的取模操作,基本单位为字节。本设计为 32×96 点阵屏,可设计显示缓冲区的大小为 384 字节,横向取模,字节倒序,如图 6.15.7 所示。程序编写时为显示屏每行直接发送相邻的 12 字节。其他取模方式程序相应变化即可。

(2) 程序流程

　　程序设计主要分为主程序和中断服务程序两部分。由于使用 6×16 模组构成高为 32 的点阵,需要使用 2 组行控制信号,每组控制 16 行,使用 P0 和 P1 口的低 4 位作为行控制信号输出,分别控制显示屏的上、下两个半屏,信息传送时将 384 字节分成 2 组 192 字节分别传送给上下两个半屏。

　　主程序流程如图 6.15.8 所示,使用定时中断方式进行行扫描,主程序中在初始化时设定定时器工作方式并实现显示参数及显示缓冲区的设置。如果无需变更可直接进入无线循环。

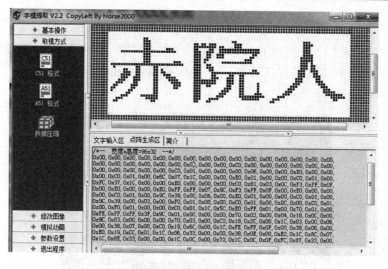

图 6.15.7　图片取模

中断服务函数中实现程序对一行 LED 点阵的显示,如图 6.15.9 所示。行控制信号选定某行,并将其对应的 12 字节数据按串行方式传输到列控制 595 芯片,配合锁存及消隐信号实现该行显示。须设定静态变量在中断服务程序中实现扫描参数更新,实现对不同行的扫描控制。

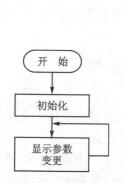

图 6.15.8　主函数流程

图 6.15.9　中断服务子流程

　　显示稳定性及功耗分析。稳定性、亮度及功率是点阵显示屏设计必要的分析内容,其涉及程序编写、单片机选型及电源的配置问题。稳定性与行刷新率及屏刷新率直接相关,需要考虑视觉承受能力,最低控制在 60 Hz,高刷新率可得到稳定的显示内容同时降低视觉疲劳,但需要高速单片机。亮度主要取决 LED 点亮时间占空比,可通过程序调节。不同规模及显示方式的显示屏有不同的功耗,设计中考虑最大功耗,在点亮 PWM 占空比和单点 LED 功率已知的情况下,可计算总点数功率并乘以占空比计算总功耗,实际中可测试单模组的最大功率并计算整屏功率,需考虑一定的裕度。

4. 实验结果与结论

使用模组以 2 行 6 列方式级联成 32×96 点阵屏,利用开关电源供电,使用 STC15F2K60S2 作为主控制芯片搭建了实验电路,通过调试实现了内容的稳定显示,效果如图 6.15.10 所示。

图 6.15.10　LED 点阵显示屏实验效果图

本节针对单片机课程实训,介绍了一种模块化 LED 点阵显示屏实训系统的设计方法,实训硬件的模块化设计降低了硬件电路的实现难度,可使学生将更多精力集中在软件设计上。该模组可自由级联成不同尺寸的显示屏用于实训,提供不同难度的设计内容及要求,满足实训项目多样性的需要。

6.16　多环境信息实时监测实训系统

物联网工程专业实训是非常重要的教学环节,传统的智能家居实训系统涉及内容过于全面,学生很难在短时间内深入学习。本节针对这一问题,基于模块化设计思想,在充分利用现有软硬件资源的情况下设计开发了一个简易的环境信息在线检测系统,实现了信息获取和显示、短距离通信组网传输、网关转发云服务器、手机端监视等功能,其中包含典型物联网云服务系统的基本元素。

1. 系统设计方案

系统设计框架如图 6.16.1 所示,包含传感器 ZigBee 终端节点、带 ZigBee 通信功能的智能网关、云端服务器和手机终端 4 个部分。系统信息采集部分采用 ZStack 协议栈进行 ZigBee 组网通信,每个环境信息的传感器与一个 ZigBee 模块构成一个 ZigBee 终端,负责采集环境数据并发送给智能网关。智能网关是以 STM32F407 为主控芯片的嵌入式模块,同时连接一个 ZigBee 模块和一个 Wi-Fi 通信模块,负责接收传感器数据、本地显示数据,并将数据上传到云服务器。智能网关运行 FreeRTOS

实时操作系统进行任务调度,并使用 EMWIN 将传感器数据绘制在 LCD 屏幕上。最终,手机 App 从云平台上获取并显示处理和统计后的环境数据,实现环境数据的远程监测。

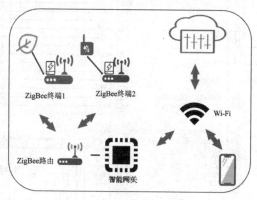

图 6.16.1　设计框架结构

2. 系统硬件设计

图 6.16.2 所示为智能网关的电路原理图。智能网关由 STM32F407、ZigBee 协调器、ESP8266 共同组成。STM32 处理器使用 8 MB 外部时钟。为了保证高 FMSC 总线速度下信号的传输稳定性,显示驱动电路 LCD IL9341 使用并行总线与处理器进行连接,导线尽可能缩小与处理器的间距。将 J‑LINK 引脚线引出,方便调试下载程序。ZigBee 协调器和处理器使用串行总线 USART 连接,因为没有开启流控,所以只连接 TX、RX 线到处理器 PA9 和 PA10 通用 I/O 口。Wi‑Fi 模块也是使用 USART 串行总线进行数据收/发,接线方式与 ZigBee 协调器相同。

ZigBee 终端节点通信方式能实现智能组网和分布式节点部署。本设计中均使用全功能 ZigBee 节点模块,通过带有协调器的智能网关进行组网及设置。节点本身不具备采集环境物理量的功能,它需要连接各种传感器,根据设计要求,我们选用了 DHT‑11 温湿度传感器、MQ‑135 空气质量传感器、GY‑30(BH‑1750)光照传感器进行环境采集工作。传感器与 ZigBee 节点相连作为网络终端节点。其连接方式基本相同,按照其信号类型和总线协议与 ZigBee 模块 CC2530 进行连接即可。下面对光照和空气质量检测两个节点做简单介绍。

图 6.16.3 所示为 ZigBee 光照度测量节点电路。该节点所使用的光照传感器采用 I^2C 通信,传感器引脚 SDA 连接到 P0.5,引脚 SCK 连接到 P0.6,整个系统由干电池供电。

图 6.16.4 所示为 ZigBee 空气质量测量节点电路图。该节点负责采集室内有害气体含量同时显示到 OLED 屏上,气体传感器使用 MQ135,MQ135 输出模拟信号,将 MQ135 的引脚 AO 连接到 CC2530 的 A/D 信号采集引脚 P1.5,OLED 屏是用 SPI 进行驱动显示,将 OLED 脚依次连接到 CC2530 的 I/O 口。

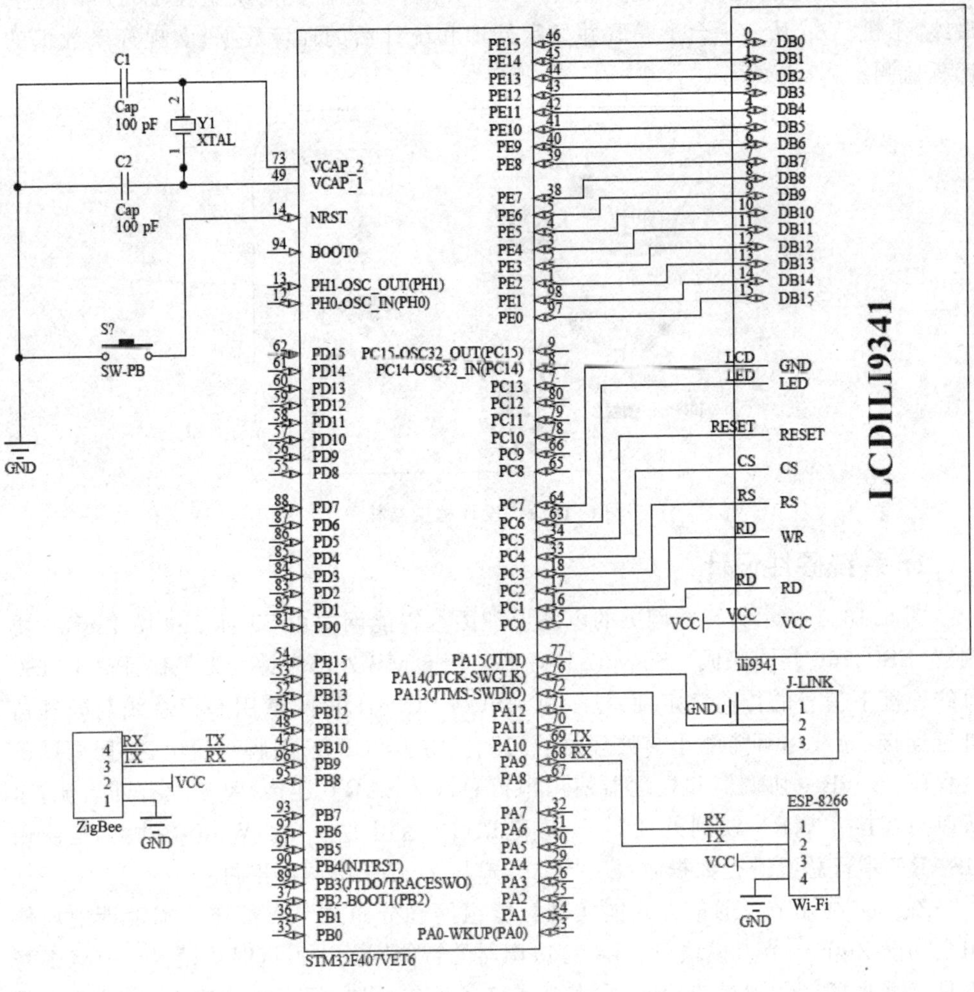

图 6.16.2　智能网关电路

3. 系统软件设计

　　系统的软件开发主要包括三个种类：智能网关所搭载的程序、ZigBee 节点搭载程序和手机端 App 程序。其中，智能网关负责控制组网、汇聚环境信息，控制 Wi-Fi 转发和本地显示等。传统顺序程序结合终端控制的方式很难协调各种任务，所以需要搭载操作系统。而 ZigBee 节点除需要进行通信协议栈的移植外，还需要针对不同的传感器编写相应的数据采集程序。而手机端的 App 软件及云端应用部署均使用第三方开发平台提供的服务完成。下面仅就网关操作系统移植和 ZigBee 通信协议设计等方面进行简单介绍。

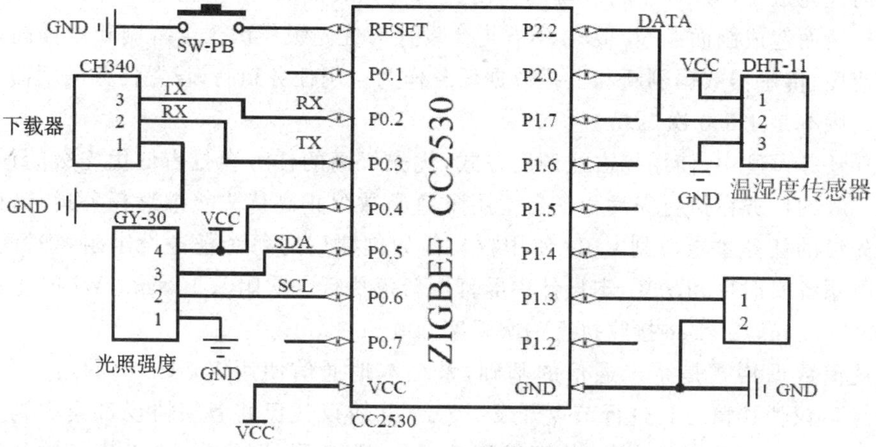

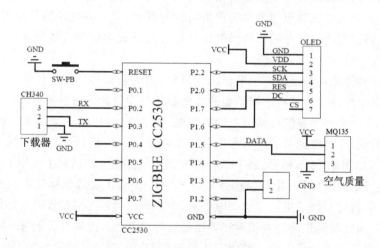

图 6.16.3　ZigBee 光照度测量节点

图 6.16.4　ZigBee 空气质量测量节点

　　先介绍移植 FreeRTOS 操作系统及任务调度。考虑到网关中 ARM 单片机的资源条件,为了保证系统的实时性和可靠性,选用开源的 FreeRTOS 系统用于任务调度。首先在 FreeRTOS 官网下载系统源文件,在源文件里找到 INCIUDE 文件夹,将此文件夹及其子文件一起复制到本地工程中;然后在 RVDS 里找到处理器硬件层与系统链接的 PORT 文件和 PORTMACRO 文件,再到 MENMang 文件夹选择一个内存管理方案;最后到官方的 DEMO 里找到一份名为 FreeRTOSConfig 的配置文件,将这些文件复制到工程里即可完成系统的移植。

　　单片机作为网关控制器,需要完成刷新屏幕、接收来自 ZigBee 协调器的信息、控制 ESP8266 上传传感器信息、接收来自 App 的指令等任务,创建任务供任务调度器进行调度,使用任务创建函数依次对以上任务进行创建,同时根据任务的重要性设置不同的优先级。本设计中将屏幕刷新设置为优先级最高，防止在绘制屏幕时被其他任务打断而造成画面撕裂，接收 App 指令设置为优先级仅次于屏幕刷新以提高系统响应速度，传感器数据刷新和上报数据任务作为空闲任务执行，设置任务调度器切换任务的频率是 1 000 次/s。

在任务调度中，使用抢占式调度方式，优先级高的任务会抢占低优先级的任务，高优先级的任务在执行完后程序会调用阻塞函数阻止高优先级继续任务运行，此时低优先级的任务才能得到 CPU 使用权。任务创建后对每个任务设定阻塞时间，为了兼顾系统实时性和功耗，本设计中屏幕刷新每执行一次阻塞 100 ms，Wi-Fi 上报数据阻塞 500 ms，ZigBee 接收执行一次阻塞 200 ms。

通信数据格式是系统通信的基础，系统本地通信使用 ZigBee 组网通信，利用 ZigBee 协议栈移植方式进行节点开发。ZStack 协议栈已将各层协议都集中到一起并使用 OSAL 操作系统运行，物理层驱动、硬件驱动层、网络层，都以库函数和结构体的形式封装，数据的打包发送都已在协议栈中定义好。使用时只要设置好需要使用的外设，并加入传感器驱动便可实现组网传输数据，我们在使用协议栈时，创建了一个任务函数，在这个任务函数的函数体里包含需要数据的发送函数和传感器的采集值的获取。

协调器和智能网关通信使用串行总线通信，因为数据传输字节比较多还需要验证数据的完整性，所以，针对不同类型的传感器节点均设计了通信数据帧格式。

表 6.16.1 所列为温度终端节点的数据帧，帧头是 0x60 代表着终端节点发回来的传感器数据，在智能网关的串口数据处理函数里进行解析数据。数据的处理使用 DMA 方式，如图 6.16.5 所示。STM32 处理器接收数据使用闲时中断加 DMA 进行接收，当协调器向 STM32 串口发送数据时，DMA 自动接收数据存储在数据缓冲区中，数据全部接收完整后串口产生闲时中断，中断程序判断 DMA 数据缓冲区中接收的数据长度和数据帧长度是否相等和帧尾是否等于 0x80，数据有效则进一步判断节点类型，提取传感器的采集值。操作完成后清空 DMA 缓冲区同时使能 DMA。如果数据无效则直接清空 DMA 数据缓冲区并使能 DMA。

表 6.16.1　温湿度终端数据格式

帧　头	数据长度	温度数据	湿度数据	电量数据	帧　尾
0x60	XX	XX	XX	XX	0x80

表 6.16.2 所列为光照终端节点的数据帧，处理机制和温度终端节点基本一致，不同之处是对光照强度数据进行高位数据和低位数据的拼接转换为十进制数。

表 6.16.2　光照终端数据格式表

帧　头	数据长	高八位	低八位	电　量	帧　尾
0x40	XX	XX	XX	XX	0x80

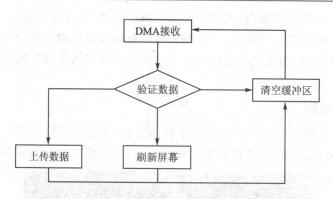

图 6.16.5 智能网关数据处理流程

设计中,ZigBee 节点均设为全功能节点,ZigBee 自动组网。其中,与网关相连的模块作为协调器使用。在组网初期,用于网络的组建、管理和地址分配。

由于使用了 ZStack 协议栈,分配网络、分配 MAC 地址、网络成员数量、协议栈可自动完成,其程序流程如图 6.16.6 所示。

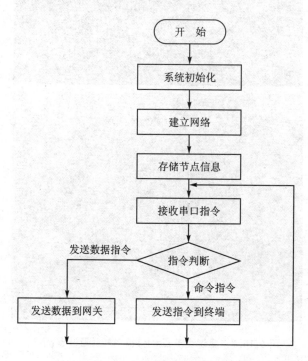

图 6.16.6 协调器工作流程

程序中将协调器的网络设置为广播,调用串口结构体对 CC2530 串口进行配置,波特率为 115 200 b/s,不使用硬件流控、8 个数据位。协调器收到终端节点发来的传感器数据后,OSAL 系统会调用数据接收函数。ZigBee 的数据协议在协议栈已经定义好,只需在数据接收函数内,提取出传感器信息数据,并按照之前自定义的数据格式打包经串口发给网关。ZigBee 节点路由担当着转发数据的工作,所以只需在协议栈中设定它为路由器角色之后在启动后它才会搜索并加入协调器的网络,然后会按照工作流程执行。

4. 实验结果

系统实现了室内环境的各项物理参数的监测,包括:温度、光照、空气质量、湿度、有害气体含量,图 6.16.7 所示为部分传感器节点,图 6.16.8 所示为智能网关。

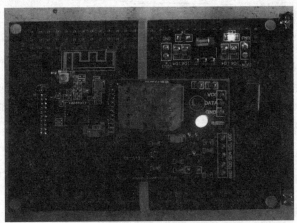

图 6.16.7　温湿度节点(上)和空气质量节点(下)

手机端 App 软件开发及云服务均使用第三方开发平台"机智云",在开发者中心选择对应选项创建入网设备及方式,选择产品类型后,机智云会分配 Product Key 和 Product Secret 参数,Product Key 参数由开发者写入设备 MCU(设备主控板),并告知 Wi-Fi 模块,Wi-Fi 模块登录机智云后,机智云将会识别该 Product Key 的产品。Product Secret 参数是 App 开发或服务器对接时所使用的参数。根据设备需要传递的参数进行数据点的设置,最后再根据官方提供的 DEMO 例程进行通信协议的移植,从而完成整个设备的入网配置。

图 6.16.8 智能网关及协调器节点

在产品项目上创建对应的数据点后,云端会根据产品定义的数据点生成对应产品的 App 参考代码,经改写后实现完整功能。图 6.16.9 所示为手机端 App 的三个界面展示。

图 6.16.9 手机端 App 界面(启动、初始化和数据显示界面)

实验中,我们设置了工程中要遇到的测试内容,包括数据可靠性测试和耗电测试。首先对 ZigBee 进行通信数据包的正确率进行测试,在 ZigBee 启动后分别设置等同间隔发送数据包,然后根据不同的距离进行统计,结果如表 6.16.3 所列。由数据可知,室内和室外测试结果相似,可靠传输距离基本在 70 m 之内。

表 6.16.3　数据测试结果表

测试环境	通信距离	发送包次数	接收包次数	测试次数	丢包率
室内	40	400	400	10	0%
室内	50	400	400	10	0%
室内	70	400	375	10	6.25%
室内	80	400	109	10	72.75%
室外	40	400	400	10	0%
室外	50	400	400	10	0%
室外	70	400	392	10	2%
室外	80	400	169	10	59.25%

对在各个终端的耗电量进行分析,在三节干电池供电条件下,分别测试闲时电流和忙时电流,结果如表 6.16.4 所示。

表 6.16.4　耗电电流统计表

ZigBee 节点	最大工作电流/mA	待机电流/mA
温湿度采集节点	17	0.05
光照强度节点	11	0.11

测试数据可大致推算出节点平均电流,根据一节南孚电池 2 000 mAh 的容量计算,三节串联放电加上电池的自放电率可以估算出节点可以工作 6 个月左右。空气质量传感器一直处于工作状态并且耗电量较高,该节点直接使用电源供电未对其进行耗电测试。本节介绍了一种多环境信息实时监测实训系统的设计。设计中包含了物联网工程专业多门课程的知识点,可满足物联网工程专业的综合实训要求,系统工作量适度,难度可控,可满足不同层次的学习需要。

参考文献

[1] 阎石,王红.数字电子技术基础 [M]. 6 版.北京:高等教育出版社,2016.

[2] 童诗白,华成英.模拟电子技术基础 [M]. 5 版. 北京:高等教育出版社,2015.

[3] 周立功.项目驱动:单片机应用设计基础[M]. 北京:北京航空航天大学出版社,2011.

[4] 何道清,张禾.传感器与传感器技术[M]. 北京:科学出版社,2019.

[5] 丛晓霞.机械创新设计[M]. 北京:北京大学出版社,2008.

[6] 孙福玉.MATLAB 及应用[M].赤峰:内蒙古科技出版社,2011.

[7] 林庆峰,韩铮,等.ARM Cortex-M 体系架构与接口开发实战[M]. 北京:水利水电出版社,2019.